建筑制图实例应用

蔡菊琴 林意 王磊 主编

浙江工商大学出版社
ZHEJIANG GONGSHANG UNIVERSITY PRESS
·杭州·

图书在版编目（CIP）数据

建筑制图实例应用 / 蔡菊琴, 林意, 王磊主编. — 杭州：
浙江工商大学出版社, 2020.5
　ISBN 978-7-5178-3831-9

　Ⅰ. ①建… Ⅱ. ①蔡… ②林… ③王… Ⅲ. ①建筑制图
Ⅳ. ①TU204

中国版本图书馆CIP数据核字(2020)第072991号

建筑制图实例应用
JIANZHU ZHITU SHILI YINGYONG

主编　蔡菊琴　林　意　王　磊

责任编辑	杨凌灵　厉　勇	
封面设计	雪　青	
责任印制	包建辉	
出版发行	浙江工商大学出版社	
	（杭州市教工路198号　邮政编码310012）	
	（E-mail：zjgsupress@163.com）	
	（网址：http://www.zjgsupress.com）	
	电话：0571-88904980，88831806（传真）	
排　版	杭州朝曦图文设计有限公司	
印　刷	杭州高腾印务有限公司	
开　本	889 mm×1194 mm　1/16	
印　张	10	
字　数	257千	
版 印 次	2020年5月第1版 2020年5月第1次印刷	
书　号	ISBN 978-7-5178-3831-9	
定　价	30.00元	

前 言
PREFACE

　　本书是浙江省课改教材，共分四个模块，分别为手工尺规制图、CAD 制图、建筑施工图识读、看图辨对错。"HOW?——WHY?——WHAT?"打破了传统教材先理后实的模式。先讲"How"，告诉学生怎么做才能达到相应的目标和应有的职业素养，在有一定成就感的基础上，探索为什么这么做。在知识呈现上改变传统教材以文字说明的形式"告诉"学生"Why"，而是在做中把遇到的知识点融入过程中，这样学生在潜移默化的技能训练中接收了技能要素信息和知识点。在结合"做"和"学"的基础上，通过识读训练，贯穿在做中习得的制图标准，让学生知道做的是"What"，从而夯实理论基础。同时为了使项目便于实施，提高学生的自主学习能力，本教材最大的亮点就是采用漫画式的步骤设计方法，用图片引领的方式让学生"沉浸"到手工尺规制图、CAD 制图的项目教学中。通过所见即所得、图片贯穿知识点和技能要点融入图片等表现形式，引导学生自主学习，从而改变传统绘图教材不能吸引学生"自己看"的劣势。施工图识读模块浅显易懂，并与实际岗位相对接，如整理、折叠图纸等，让学生从动手开始学习，提高学习兴趣。

　　参与本书编写的有蔡菊琴（绍兴市中等专业学校，负责编写项目一、项目二、项目八）、林意（绍兴市中等专业学校，负责编写项目三、项目四、项目七）、王磊（绍兴市中等专业学校，负责编写项目五、六）。全书由蔡菊琴、林意、王磊担任主编。

　　本书由邵国成（绍兴市中等专业学校）担任责任主审，金忠义（绍兴市中等专业学校）审稿，他们对本书稿进行了审核修改，使教材更加科学、合理，在此表示衷心感谢。

　　由于编者水平有限，书中难免有不足和疏漏之处，敬请读者批评指正。

编者

2019 年 11 月

目 录

CONTENTS ———

第一章　手工尺规制图

☆项目一　制图准备

建筑制图是什么？

    建筑制图是指按有关规定将建筑设计的意图绘制成图纸，是为建筑设计服务的。在建筑设计的不同阶段，要绘制不同内容的设计图。在建筑设计的方案设计阶段和初步设计阶段绘制初步设计图（如图 1-1），在技术设计阶段绘制技术设计图，在施工图设计阶段绘制施工图（如图 1-2）。

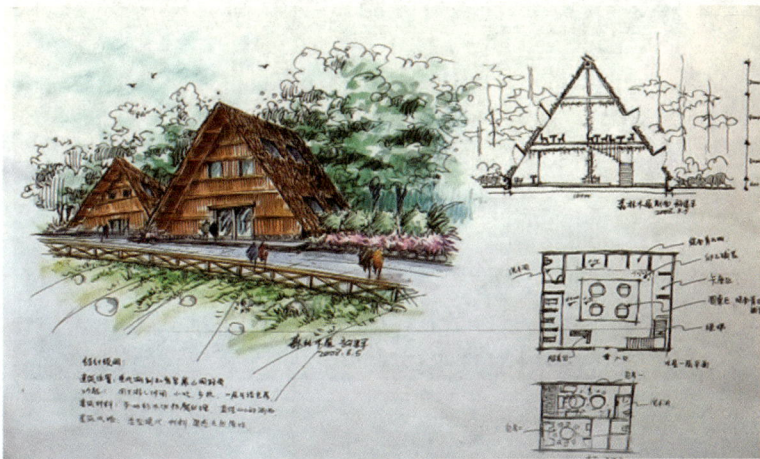

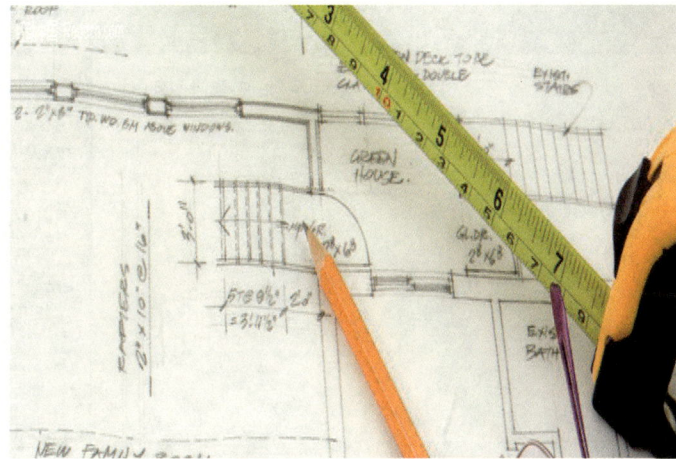

图 1-1　设计方案　　　　　　　　　　　　　　　　图 1-2　绘制施工图

建筑制图的方法有哪些？

目前，建筑施工制图主要有手工尺规制图（如图 1-3）和 CAD 制图（如图 1-4）两种方法。今天我们要讲的是施工图的绘制。

图 1-3　手工尺规制图

图 1-4　CAD 制图

手工尺规制图的重要性

很多学生可能觉得 CAD 制图快捷、准确、修改方便，干吗还要费劲地去手工制图呢？

手工制图是理工科学生的一项基本功，是计算机辅助绘图所无法取代的。在实际工作中，手工制图是整个制图环节中的第一步，制图者必须具备这样的基本技能。手工制图的目的在于培养学生动手和运用工具的能力，培养学生手、眼、脑的相互协调能力，以及学生的空间形象表现能力和构形思维表达能力。

手工制图技术掌握的好坏，直接影响到 CAD 制图课程的学习效果。只有经过严格的手工制图训练，才能养成良好的制图习惯，为后续课程学习打好基础。工程测绘就更离不开图板制图技术了。

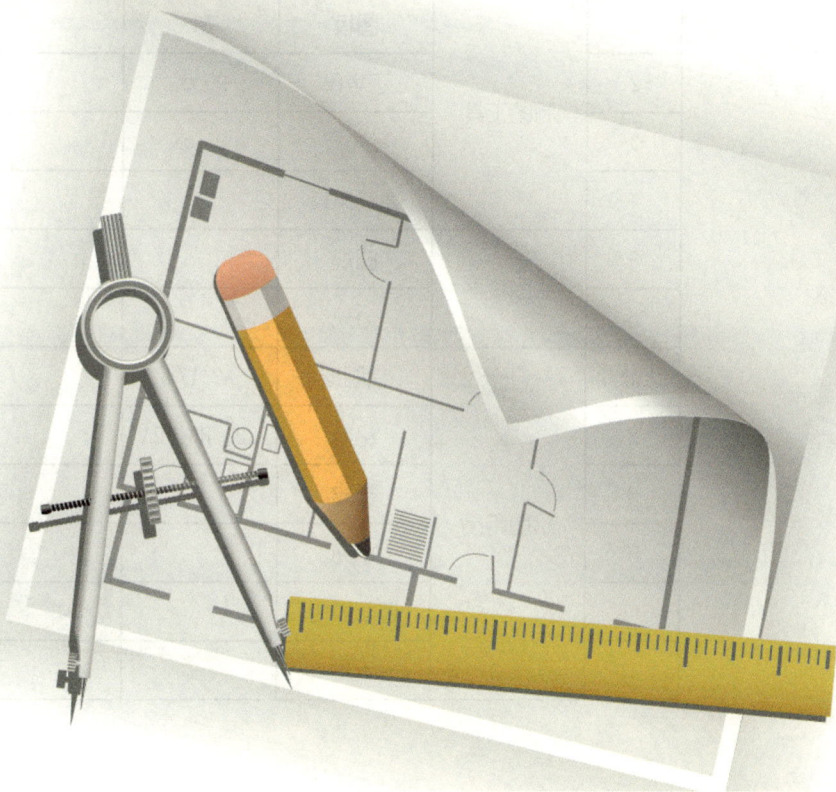

你觉得手工尺规制图重要吗？它还有存在的必要吗？

制图工具的准备

1.制图工具

常用的图板规格（如图 1-5）有 A0、A1、A2 三种，根据绘制需要配置相应规格的图板。

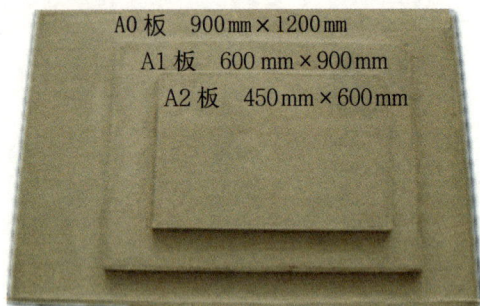

A0 板　900mm×1200mm
A1 板　600mm×900mm
A2 板　450mm×600mm

图 1-5　常用的图板规格

丁字尺绘图请以工作边为参考边绘制线段，如图 1-6 所示。

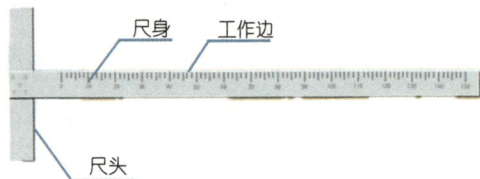

尺身　工作边

尺头

图 1-6　丁字尺绘图

制图工具、绘图仪器、绘图用品清单汇总表，如表 1-1 所示。

表 1-1　制图工具、绘图仪器、绘图用品清单

序号	类别	名称	规格	准备好的请打✓
1	制图工具	图板	A1	
2		丁字尺	90 cm	
3		三角尺	25 cm	
4		建筑模板	—	
5	绘图仪器	圆规	—	
6		分规	—	
7	绘图用品	绘图纸	A2+1/4	
8		铅笔	2B、HB、2A	
9		橡皮	4B	
10		小刀	—	
11		透明胶带	—	
12		毛刷	—	

图板和丁字尺是一对好搭档，我们来看看怎么正确使用。丁字尺尺头与板边缘紧贴滑动。滑动边选取确定后不得再作更改，因为图板四边不能保证绝对标准。两种错误用法如图 1-7 所示，正确用法如图 1-8 所示。

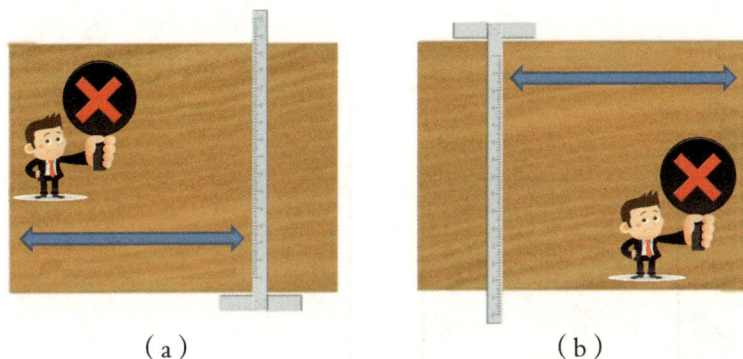

（a）　　　　　　　　　　　　（b）

图 1-7　图板和丁字尺的错误用法

（a）　　　　　　　　　　　　（b）

图 1-8　丁字尺和图板的正确用法

你学会了吗？
请试一试吧！

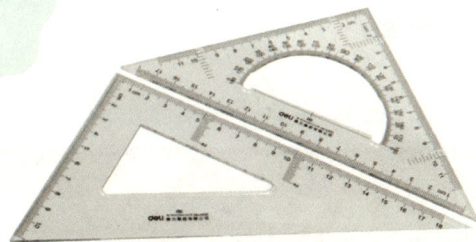

图 1-9　三角尺

你还会哪几个角度呢？
请画一画吧！

你知道吗？三角尺(图 1-9）与丁字尺可以完美配合画出多种角度，如图 1-10 所示。

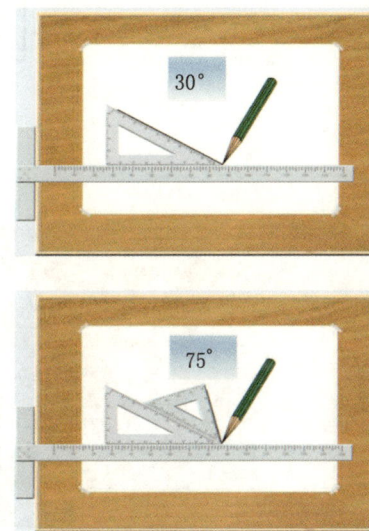

图 1-10　三角尺与丁字尺配合

为了提高制图的速度和质量，将图样上常用的符号、图形刻在有机玻璃板上，做成模板，方便使用。模板的种类很多，准备的时候不要弄错。这次我们要准备的是建筑模板，如图 1-11 所示。装饰模板，如图 1-12 所示。设备模板，如图 1-13 所示。

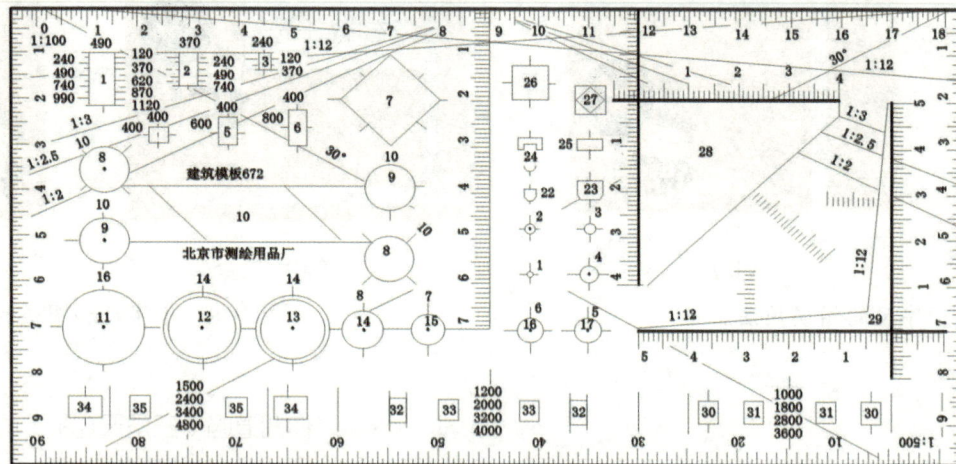

图 1-11　建筑模板

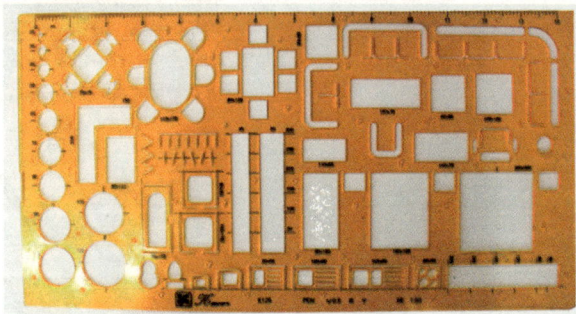

图 1-12　装饰模板

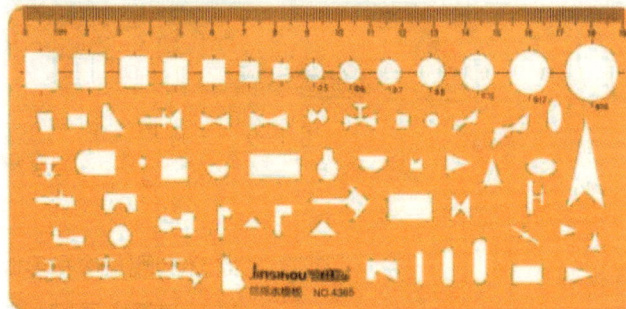

图 1-13　设备模板

2. 绘图仪器

圆规的用法，如图 1-14 所示。分规的用法，如图 1-15 所示。

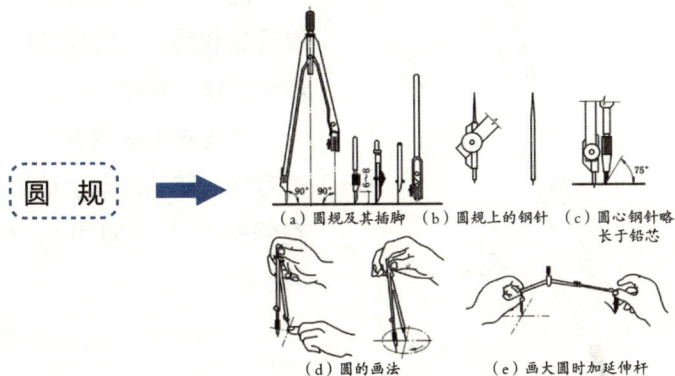

(a) 圆规及其插脚　(b) 圆规上的钢针　(c) 圆心钢针略长于铅芯

(d) 圆的画法　　(e) 画大圆时加延伸杆

图 1-14　圆规的用法

3. 绘图用品

绘图纸的要求，如图 1-16 所示。绘图纸要求纸面洁白，质地坚硬，橡皮擦后不起毛。

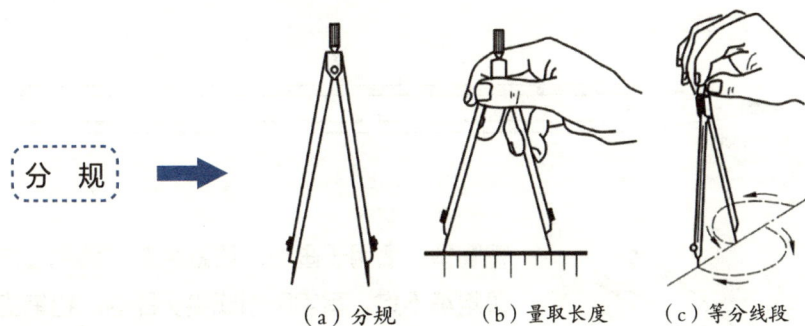

图 1-16　绘图纸的要求

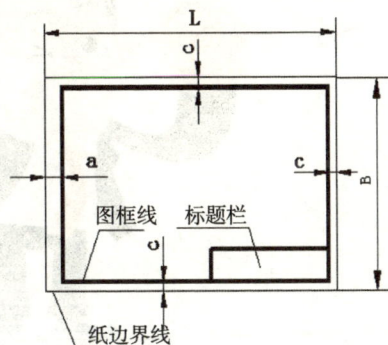

(a) 分规　　(b) 量取长度　　(c) 等分线段

图 1-15　分规的用法

图幅代号和尺寸，如表 1-2 所示。

表 1-2　图幅代号和尺寸

图幅代号	A0	A1	A2	A3	A4
尺寸 B×L	841×1189	594×841	420×594	297×420	210×297
c	10			5	
a	25				

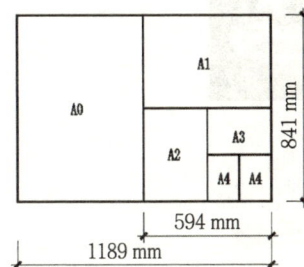

图纸的大小称图幅。

图纸 L 边长可按其 1/4 单位倍数递增。

如：A2+1/4 为 420×743。

知道 A1+3/4 尺寸吗？

请算一算吧！

铅 笔 ➡

20—25 mm

6—8 mm

鸭嘴型，适用于画线，可避免笔芯消耗过快造成的线段粗细不均。写字则削成尖头即可。铅笔的用法和要求，如图 1-17 所示。

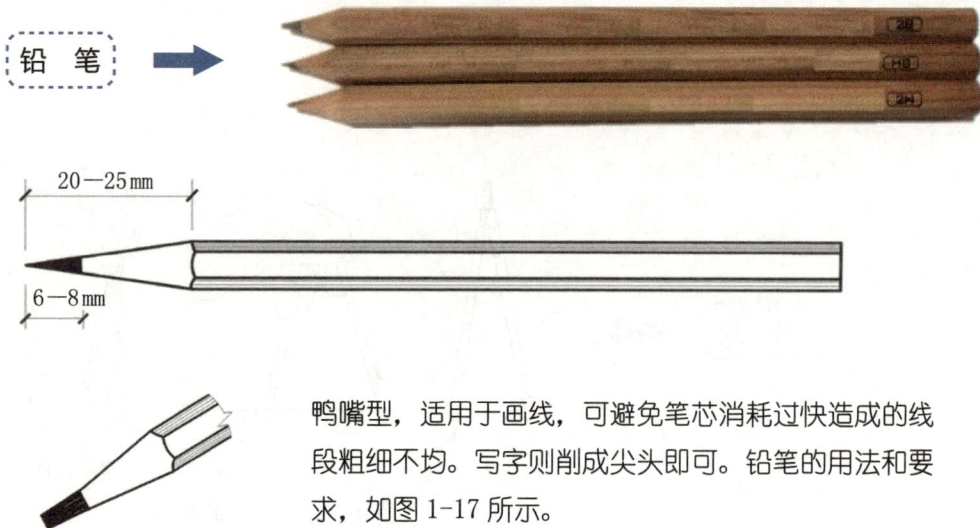

图 1-17　铅笔的要求

75°

图 1-18　用铅笔画线

2H 铅笔用于画底稿及细线，HB 铅笔写字，2B 铅笔用于加粗。

铅笔应从无标志的一端开始使用，以便保留标志易于辨认软硬。

画线时运笔要均匀，并应缓慢转动，向运动方向倾斜 75°，如图 1-18 所示。

你会削铅笔了吗？请削一削吧！

除此之外，我们还应该准备的工具，如图 1-19 所示。

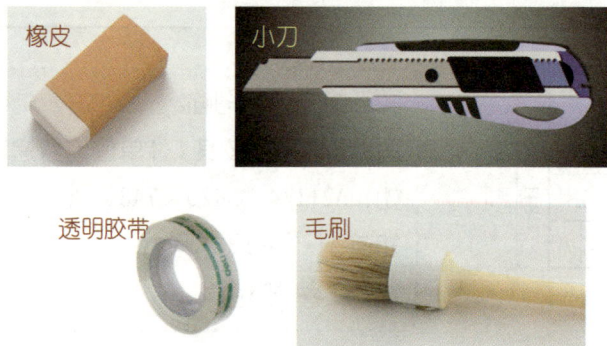

橡皮

小刀

透明胶带

毛刷

图 1-19　绘图工具

LET'S GO!
开始手工尺规制图吧！

☆项目二 绘制一层平面图

一层平面图，如图 1-20 所示。

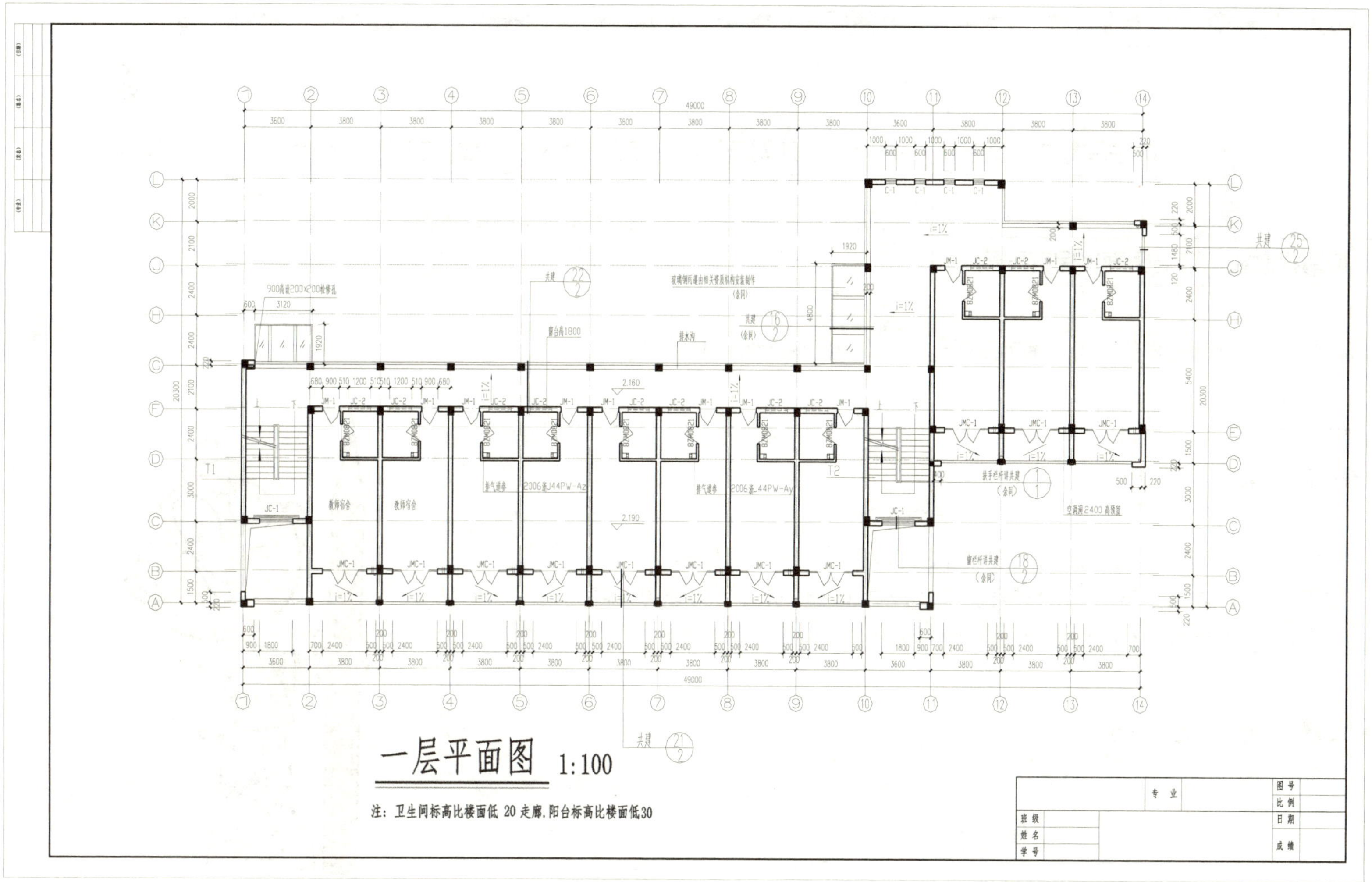

一层平面图 1:100

注：卫生间标高比楼面低 20 走廊，阳台标高比楼面低 30

图 1-20 一层平面图

一层平面图绘制步骤：

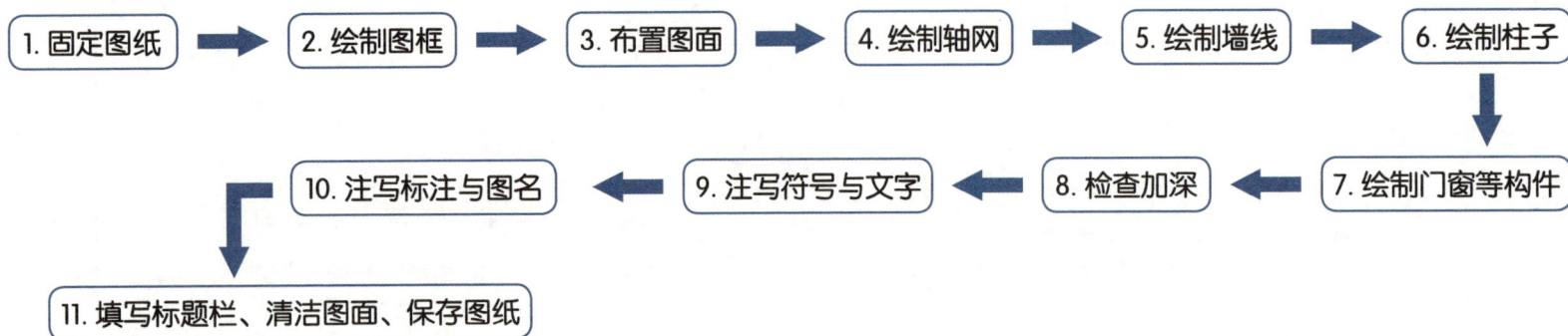

```
1.固定图纸  →  2.绘制图框  →  3.布置图面  →  4.绘制轴网  →  5.绘制墙线  →  6.绘制柱子
                                                                                    ↓
10.注写标注与图名  ←  9.注写符号与文字  ←  8.检查加深  ←  7.绘制门窗等构件
   ↓
11.填写标题栏、清洁图面、保存图纸
```

绘制前你应先熟悉图样的内容、确定图样比例。本次图样比例为 1：100。

比例是什么？

比例是指图形与实物相对应的线性尺寸之比，图距：实距＝比例。

实距尺寸 3800 mm，用 1：100 绘制，图距尺寸 38 mm；用 1：50 绘制，图距尺寸 76 mm。你觉得 1：100 和 1：50 哪个比例大呢？（1：50 比例大）

小伙伴，弄清楚了吗？

一层平面图绘制过程

第一步 固定图纸

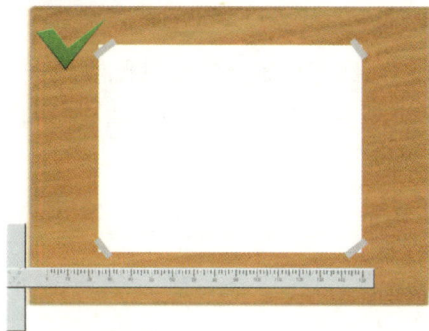

1. 用丁字尺来确保图纸上下边与丁字尺平行，同时图纸的下边与板的下边距离要大于一个丁字尺宽度。

2. 用透明胶带粘贴图纸四角，将其固定。

注意：本次使用的图纸为 A2+1/4（420×743）。

如果使用图钉固定图纸，那么你的图纸和图板将会出现以上状况，请三思！

★制图小技巧

技巧一

画线时，最好一气呵成，下笔时应力道均匀。同一线宽应粗细一致、深浅一样。如果遇到一些线条较长需要中间停顿的，可做如下处理。

从左到右，快结束时颜色慢慢变浅。   从右到左，快结束时颜色慢慢变浅。

最后收尾处重合在一起

❌ 粗细不一致，不美观！   ❌ 深浅不一致，不美观！

技巧二

绘制时难免出错，擦除后会有橡皮屑，此时不要用手去扫，最好用毛刷扫，可避免线被擦花。不过你若没准备毛刷，将餐巾纸揉成松散球状扫也可，如图 1-21 所示。

图 1-21 绘图出错处理方法

第二步 绘制图框

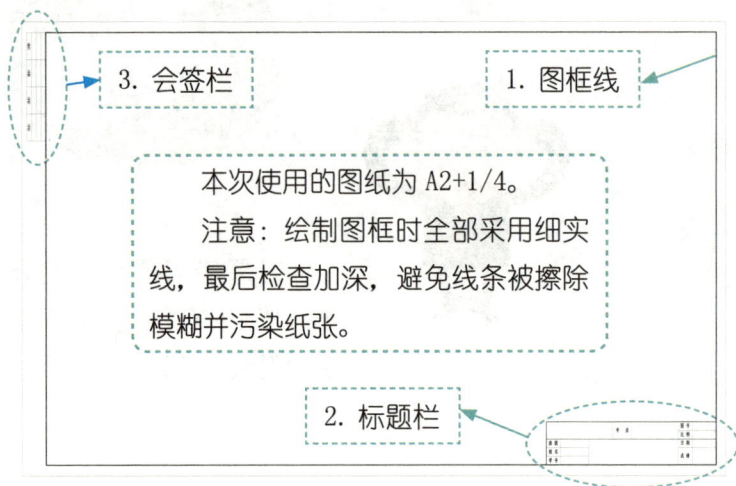

本次使用的图纸为 A2+1/4。

注意：绘制图框时全部采用细实线，最后检查加深，避免线条被擦除模糊并污染纸张。

1. 图框线

2. 标题栏

3. 会签栏

1. 图框线

图框线用粗实线绘制，采用的线宽为 b。线宽比是一个相对概念，在一张图纸中，粗、中、细应该有明显区别，如表 1-3 所示。b 可以取值 2，1.4，1.0，0.7 等，单位 mm。同一图应同一线宽组。

表 1-3　图框线

名称		线型	线宽
实线	粗	▬▬▬	b
	中	——	0.5b
	细	——	0.25

2. 标题栏

标题栏外框线用中粗实线绘制，分格线用细实线绘制，图距尺寸如图 1-22（a）所示。

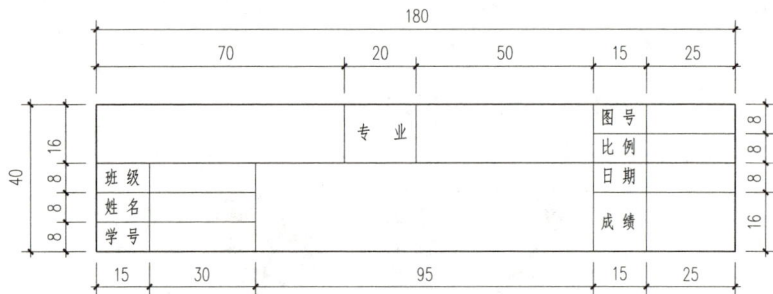

（a）标题栏

3. 会签栏

会签栏主要用于校对图纸的人员签字，线性参考标题栏，图距尺寸如图 1-22（b）所示。

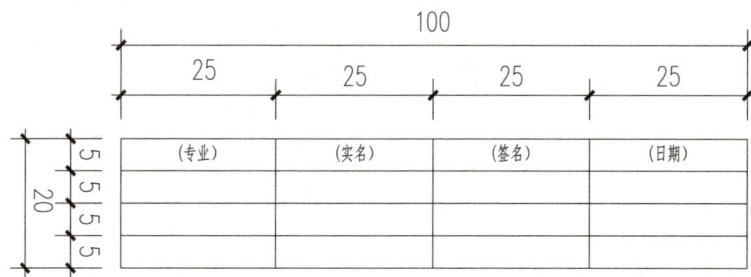

（b）会签栏

图 1-22　标题栏和会签栏

第三步 布置图面

　　绘图需要美观，因此下笔前需要合理布图，使图居中或微微偏上。同时应注意四周留下空间，用于绘制轴网编号与尺寸，下方留下空间用于编写图名，如图 1-23 所示。

上边轴网尺寸、编号位置

左边轴网尺寸、编号位置

一层平面图位置

右边轴网尺寸、编号位置

下边轴网尺寸、编号位置

图名位置

美观　合理

图 1-23　布置图面

第四步　绘制轴网

绘制轴网，如图 1-24 所示。

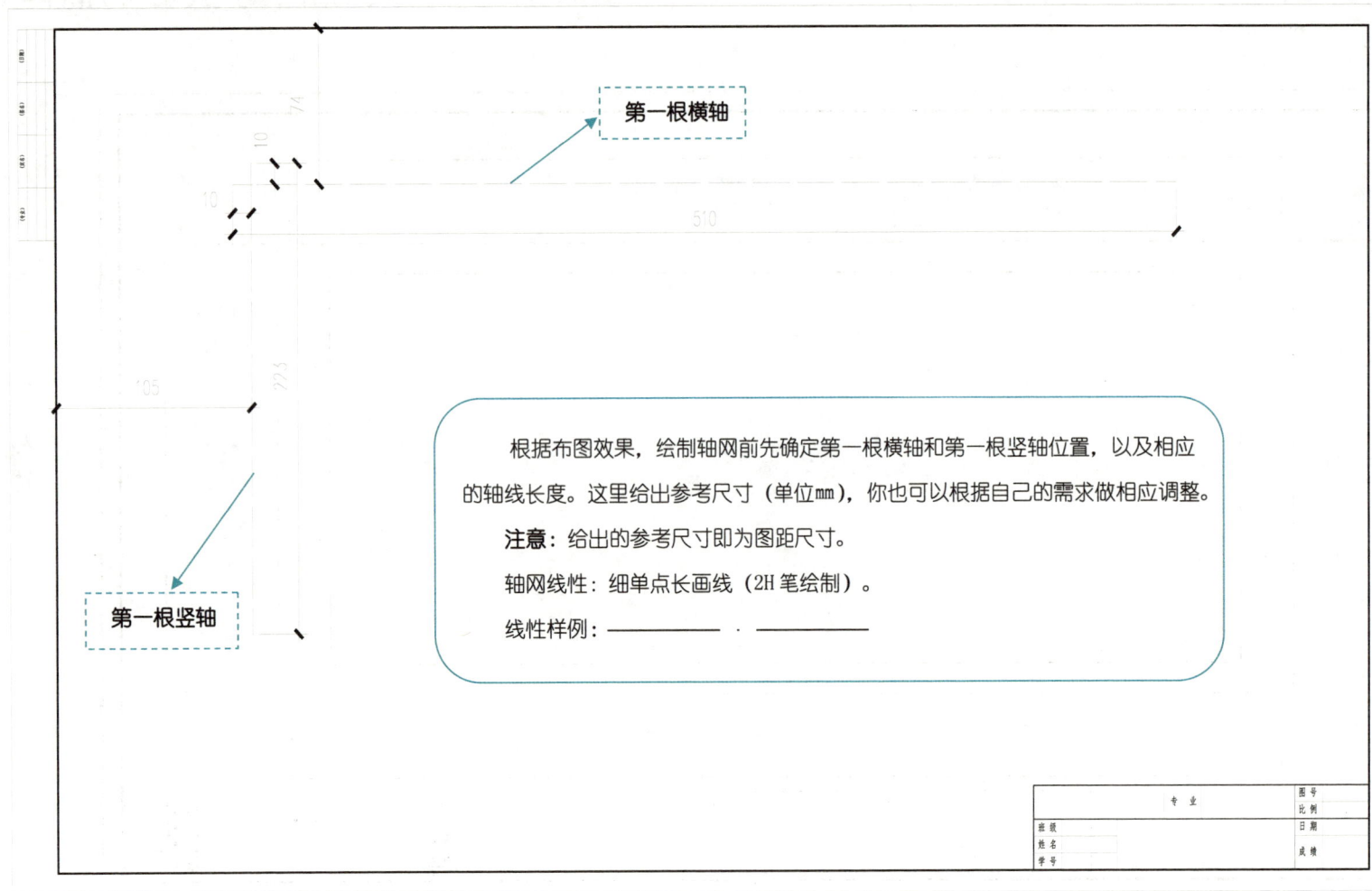

第一根横轴

第一根竖轴

根据布图效果，绘制轴网前先确定第一根横轴和第一根竖轴位置，以及相应的轴线长度。这里给出参考尺寸（单位mm），你也可以根据自己的需求做相应调整。

注意：给出的参考尺寸即为图距尺寸。

轴网线性：细单点长画线（2H 笔绘制）。

线性样例： —————— · ——————

	专 业		图 号
			比 例
班 级			日 期
姓 名			成 绩
学 号			

图 1-24　绘制轴网

先用丁字尺画横轴，从上到下依次绘制，再结合三角尺画竖轴，从左到右依次绘制，如图 1-25 所示。

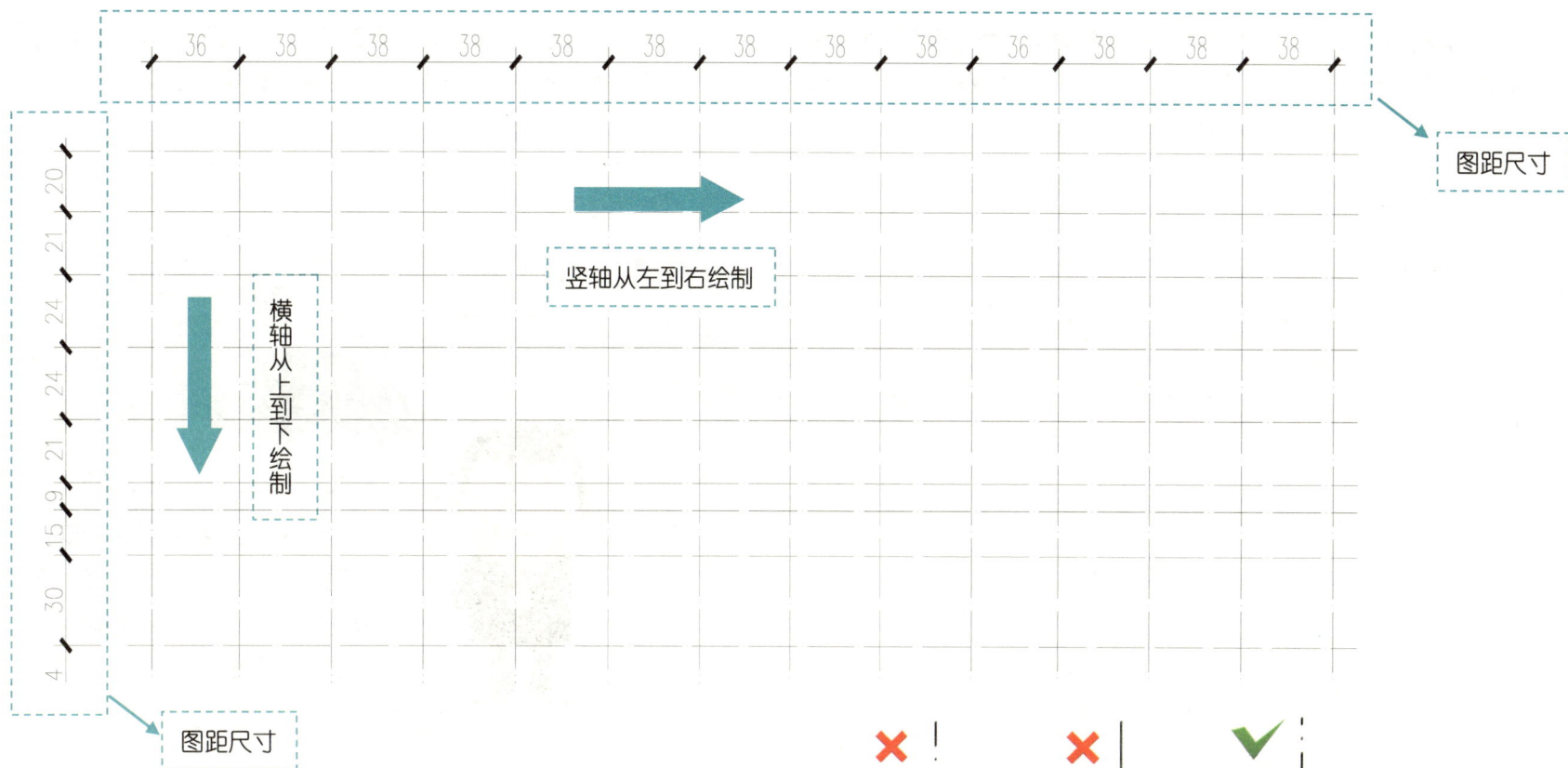

36 38 38 38 38 38 38 38 38 36 38 38 38

图距尺寸

竖轴从左到右绘制

横轴从上到下绘制

20 21 24 24 21 15 9 30 4

图距尺寸

图 1-25 绘制轴同步

定位轴线

轴线的全称是定位轴线，是用以确定主要结构位置的线，如确定建筑的开间或柱距，进深或跨度的线称为定位轴线。

因此，绘制要正确，及时检查，减少返工。

注意 1：轴线与轴线相交时，必须实线与实线相交。

注意 2：图距尺寸也可以自己换算得出，如本图比例 1：100，图样中实距尺寸为 1800，那么图距尺寸即为 1800÷100=18，单位：mm。

弄清楚了吗？请算一算吧！

第五步　绘制墙线

图样墙厚 240 mm，用 1：100 比例得出图距 2.4 mm，墙厚 120 mm 对应图距 1.2 mm。在绘制时精度难以把握的情况下，图距可有一定差距。由于墙线为两条平行线，相距较近，因此图距尽可能保持一致，使墙线平行。绘制顺序为从上到下，从左到右。在绘制过程中，同时预留好门窗孔洞。绘制墙线，如图 1-26 所示。

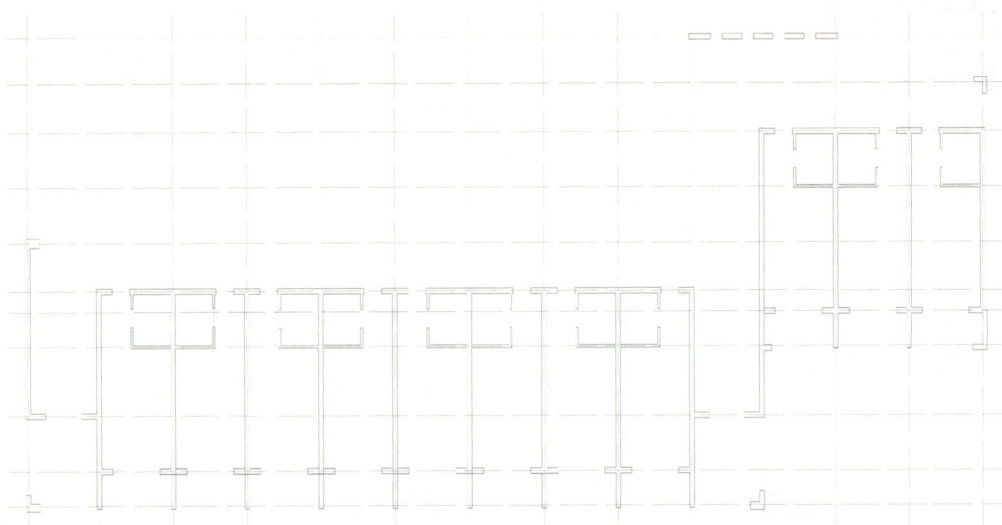

图 1-26　绘制墙线

墙体线型：粗实线

线型样例：————

但是

请先别急着将图线加深，只需细实线绘制即可，等主要部分绘制完成检查无误再用 2B 铅笔加深图线。

注意 1：图中有两种墙厚，绘制时需有明显区别。

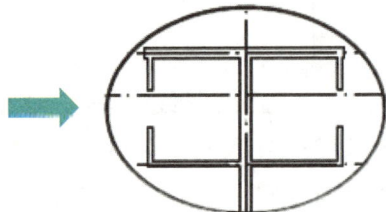

注意 2：绘制墙体时双线应尽量保持平行，墙体越长越应注意。

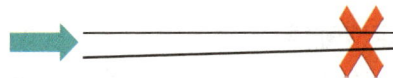

第六步 绘制柱子

　　绘制柱子时，如没有结构施工图，柱子尺寸可以自定，一般框柱取 400×400，构造柱宽度取墙厚宽。混凝土构件在 1：100 比例时，被剖切的面应涂黑示意。本图中"■"尺寸为 400×400，"▬"尺寸为 400×200，按 1：100 取的图距尺寸分别为 4×4、4×2，单位：mm。绘制柱子，如图 1-27 所示。

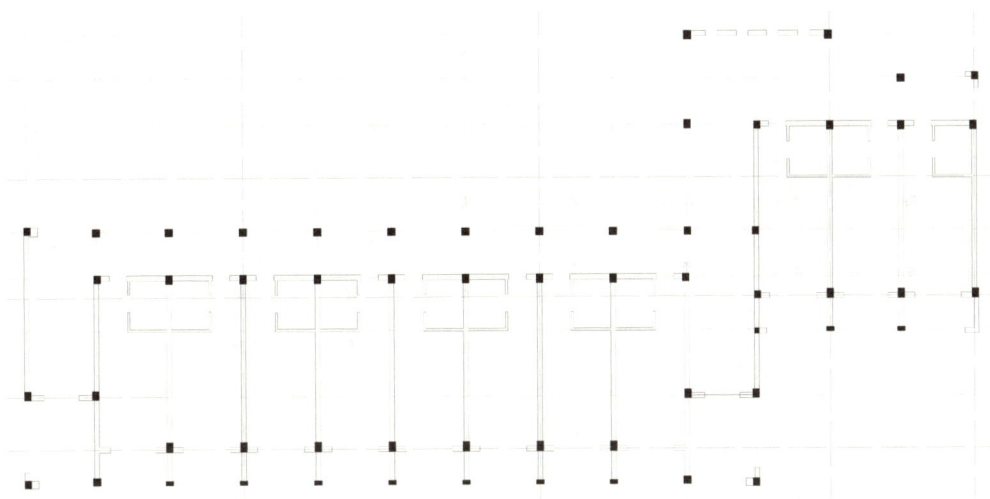

图 1-27 绘制柱子

完成柱子后，一层平面图的大致轮廓已经显现，是不是有小小的成就感了呢？
　　如果你觉得累了，可以稍作休息哦！
　　休息前做好图纸保护工作吧！

1. 请找一张或几张干净的纸，轻轻盖在画好的图纸上，铺平。

2. 再用橡皮擦干净绘图工具。接着把绘图工具、用品等整理好后放置在图板上，为接下去的绘图做好准备。

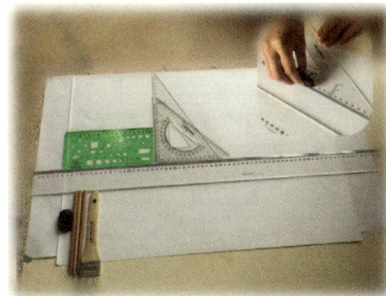

第七步　绘制门窗等构件

1. 绘制门窗（如图1-28）

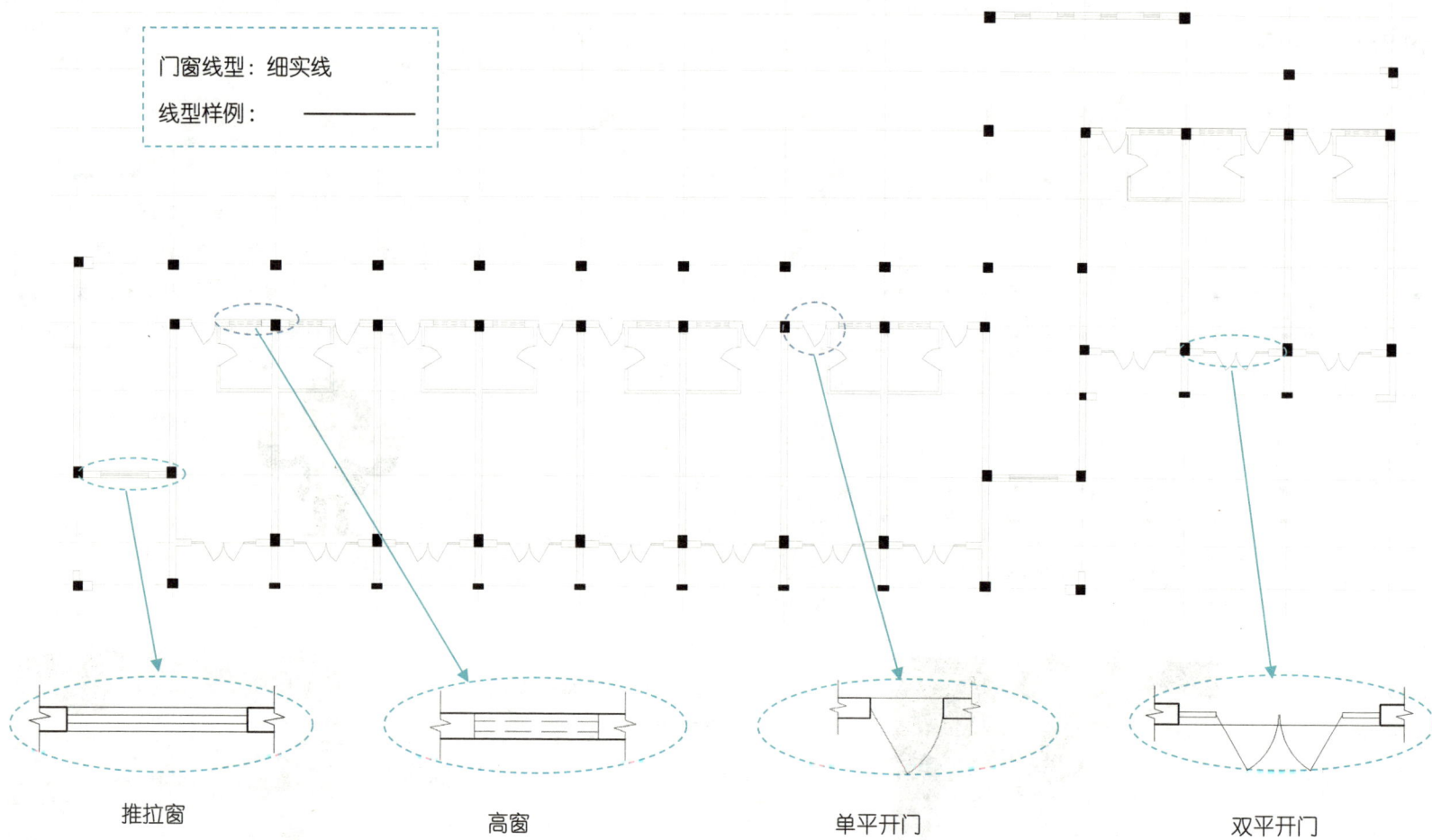

门窗线型：细实线

线型样例：————

推拉窗　　　　　高窗　　　　　单平开门　　　　　双平开门

图1-28　绘制门窗

2. 绘制栏杆扶手（如图1-29）

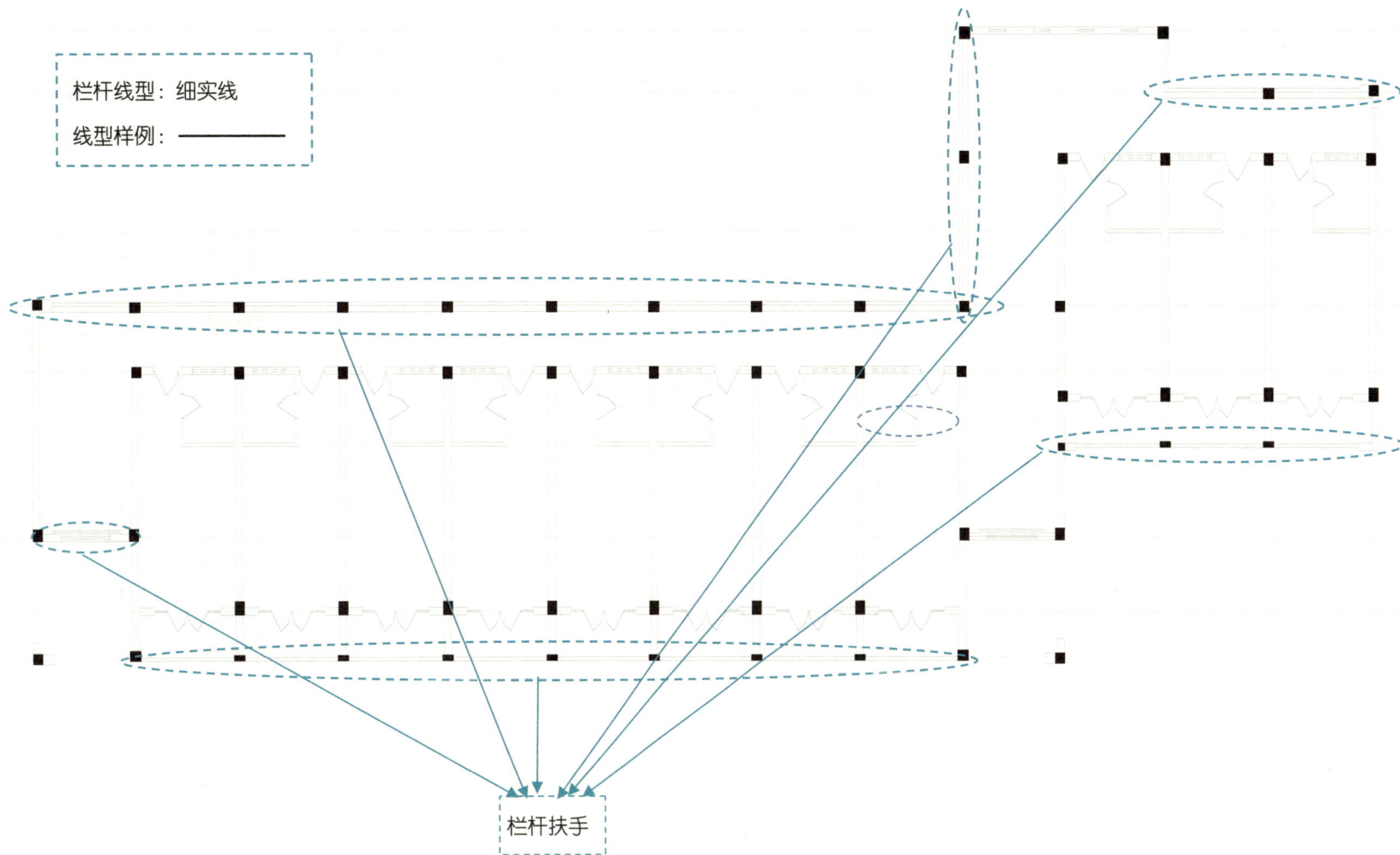

栏杆线型：细实线

线型样例：————

栏杆扶手

图 1-29　绘制栏杆扶手

3.绘制雨篷、楼梯（如图1-30）

雨篷、楼梯线型：细实线

线型样例：———

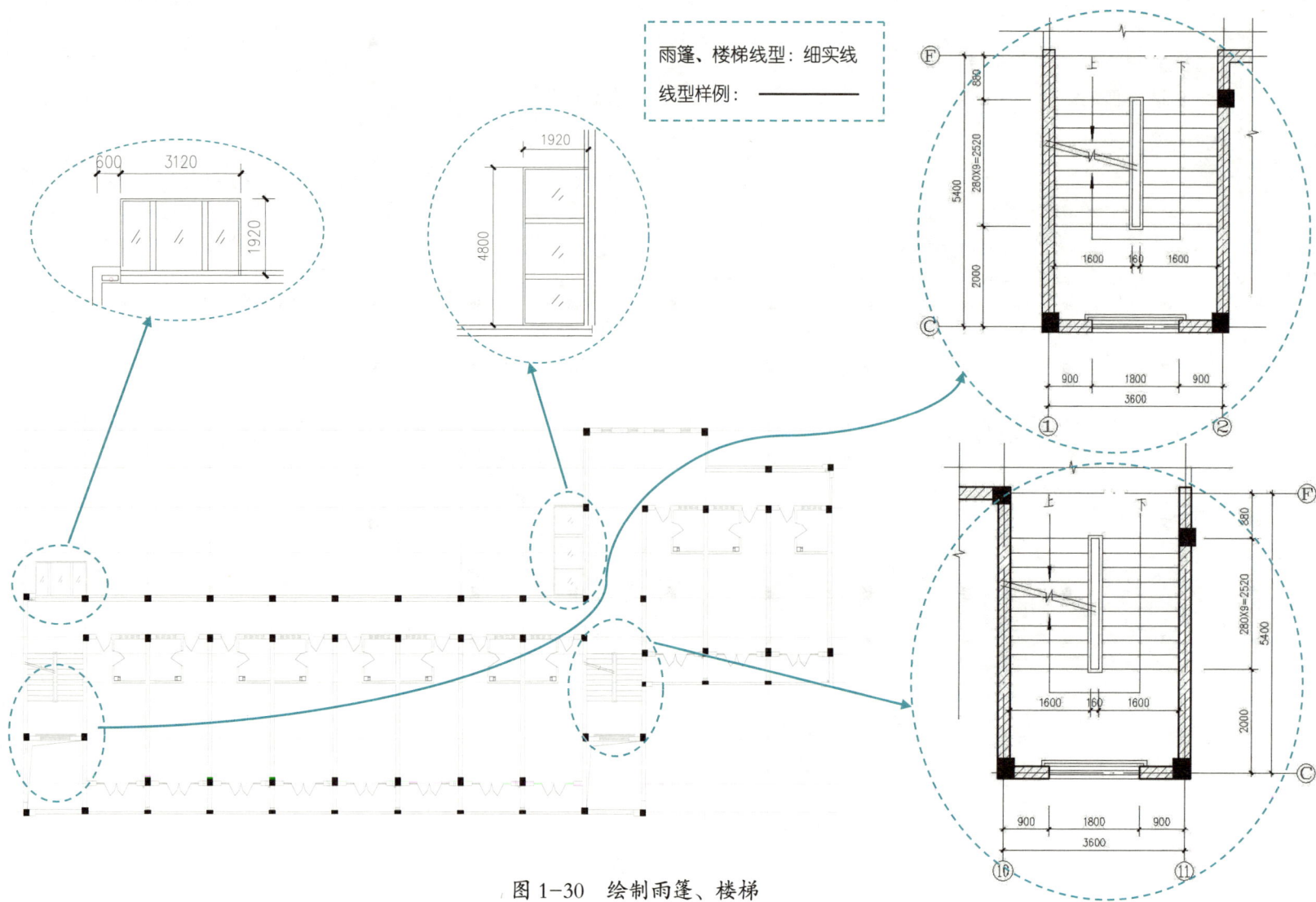

图1-30　绘制雨篷、楼梯

第八步　检查加深

检查无误后，依照构件线型要求逐一进行描线加深，顺序为从上到下，从左到右。细实线用 2H 铅笔绘制，粗实线用 2B 铅笔绘制。加深线条，如图 1-31 所示。

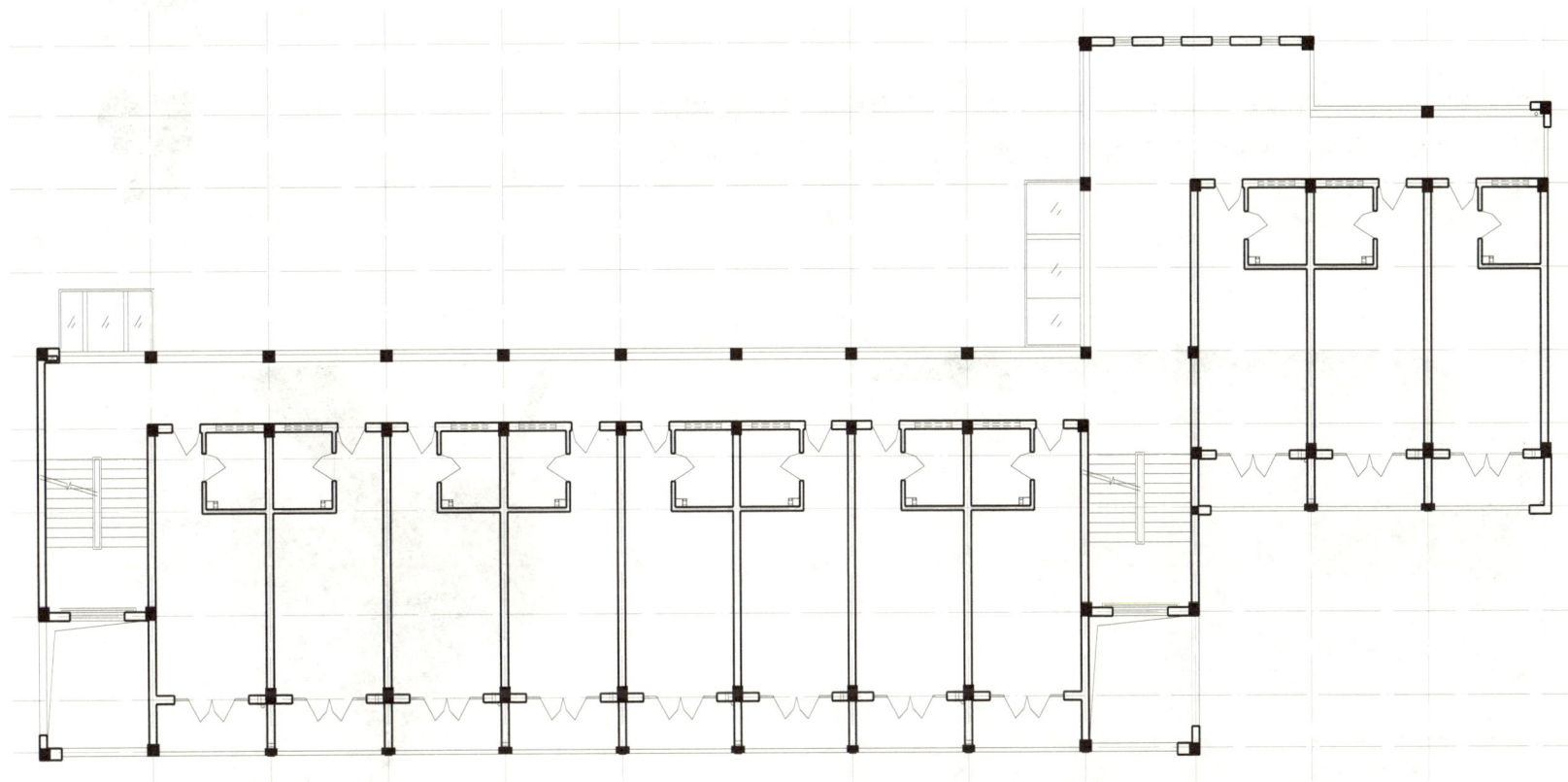

图 1-31　加深线条

★制图小技巧

技巧一

绘图时错误在所难免，因此在画底图时线型尽量淡些。特别是对于识图新手、制图新手来说，下手一定要轻，以自己看得清为基础。在此基础上，擦除错误制图，图纸依然可以保持整洁；而有些多余的辅助线段如果足够淡，就不必擦除了。

技巧二

绘图后期图线内容越来越多，手或物品与图的摩擦也越来越频繁，特别是加深后的线条，容易被擦花并污染图纸。这时候你可以参照下面的做法，来保持你的图纸干净整洁，如图1-32所示。

为什么别人的图看起来那么干净，而我的却永远这么脏？

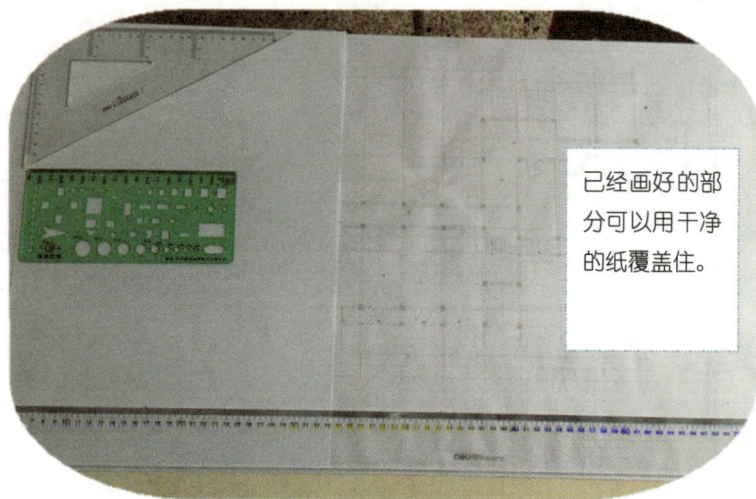

已经画好的部分可以用干净的纸覆盖住。

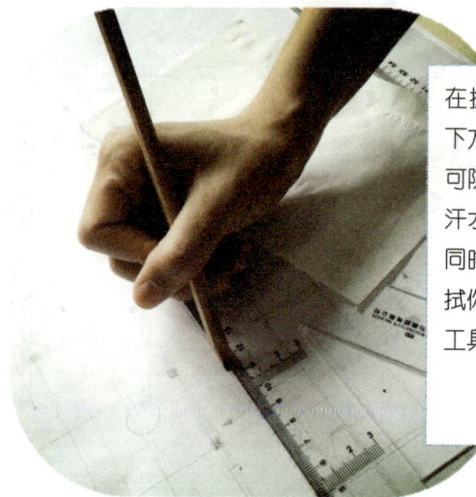

在握笔的手的下方垫张纸巾，可防止摩擦及汗水的浸渍。同时请及时擦拭你的绘图工具。

图1-32 保持图纸干净整洁的方法

第九步　注写符号与文字

1. 注写门窗名称、符号及文字

门的代号"M"，窗的代号"C"。在此基础上，可以根据门窗类型进行自主编号或套用门窗图集，如图 1-33 所示。

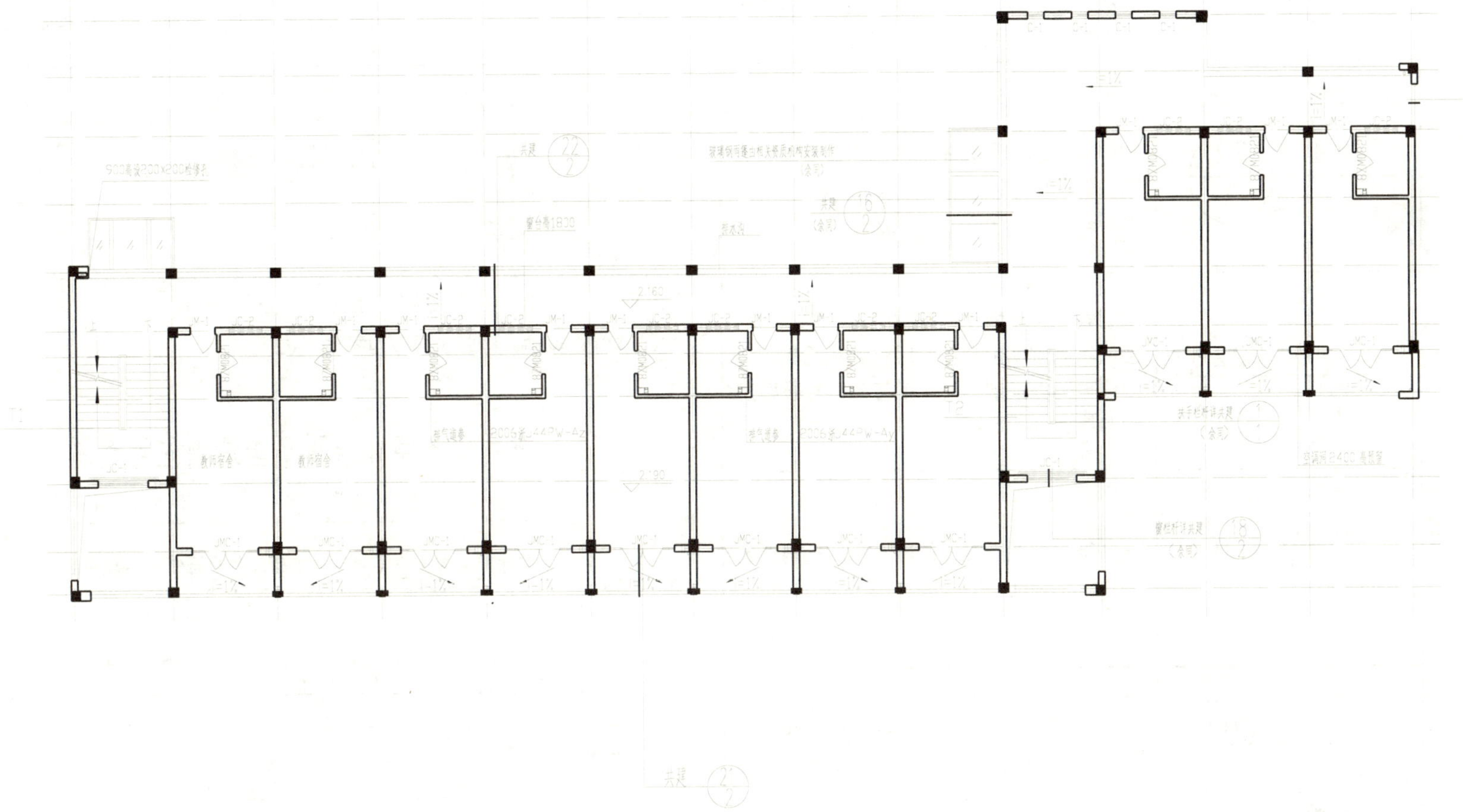

图 1-33　注写门窗名称、符号及文字

注写符号及文字汇总表，如表 1-4 所示。

表 1-4　注写符号及文字汇总表

名称	符　号	说　明	名称	符　号	说　明
索引符号	 $\dfrac{22}{2}$	索引符号直径为 10 mm，线型为细实线。上半圆中的数字表示详图的编号，下半圆的数字表示详图所在图纸页码。如详图在本页中则在下半圆中用"—"表示	引出线	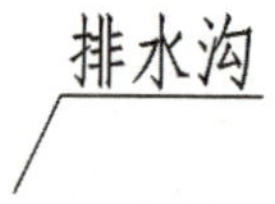 排水沟	引出线水平方向的直线和与水平方向成 30°、45°、60°、90°的直线组成。同一张图中所取角度宜一致，用细实线绘制
	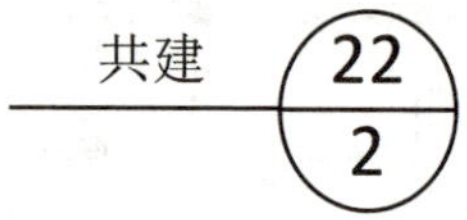 共建 $\dfrac{22}{2}$	索引的详图如有文字说明，应在直径延长线上加注	箭头	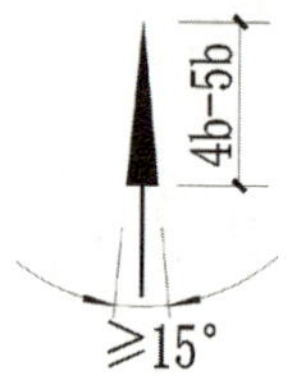 4b~5b ≥15°	箭头部分涂黑，其余用细实线绘制
剖切索引	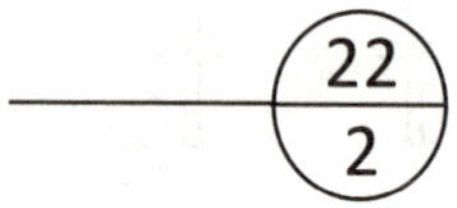 $\dfrac{22}{2}$	剖切索引用于索引剖视详图，在被剖切的部位绘制剖切位置线，用粗实线绘制，引出线一侧为投射方向。如左侧符号投射方向为从上到下"↓"		文字应采用长仿宋体，字高（字号）应从以下系列中选用：3.5 mm、5 mm、7 mm、10 mm、14 mm、20 mm。同时字高应为字宽的 $\sqrt{2}$ 倍	
标高符号	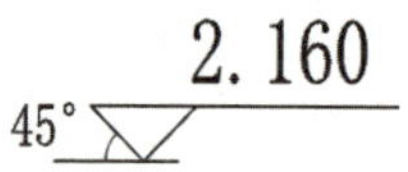 2.160 45°	标高符号应以等腰三角形表示，三角形高度 3 mm，用细实线绘制	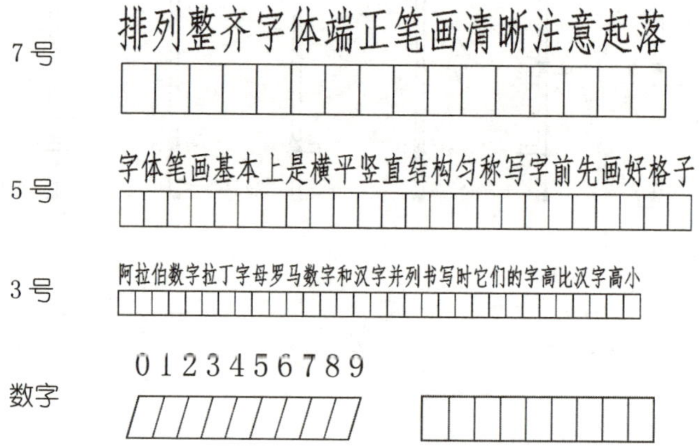 7号	排列整齐字体端正笔画清晰注意起落	
			5号	字体笔画基本上是横平竖直结构匀称写字前先画好格子	
	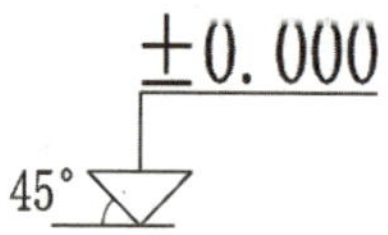 ±0.000 45°	标注位置不够时，标高符号可按左图样式绘制。零点标高应写成"±0.000"，正数不标"+"，负数应标"−"	3号	阿拉伯数字拉丁字母罗马数字和汉字并列书写时它们的字高比汉字高小	
			数字	0123456789	

第十步 注写标注与图名

1. 注写外部标注（如图1-34）

上开间轴网尺寸

注意：工具绘制、轴号编写注意事项请看第27、28页。

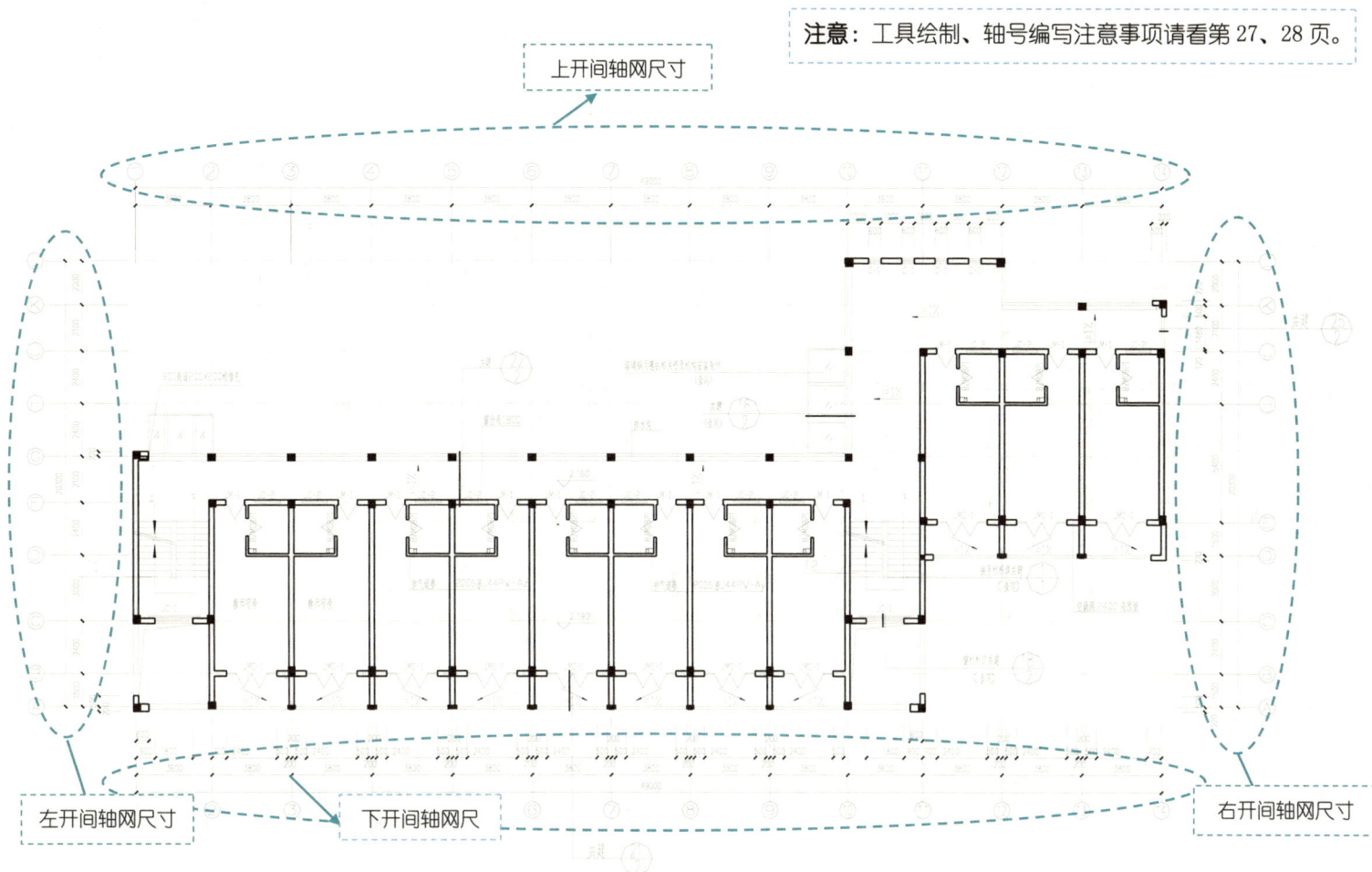

左开间轴网尺寸

下开间轴网尺

右开间轴网尺寸

图 1-34 注写外部标注

2. 注写内部标注及图名（如图 1-35）

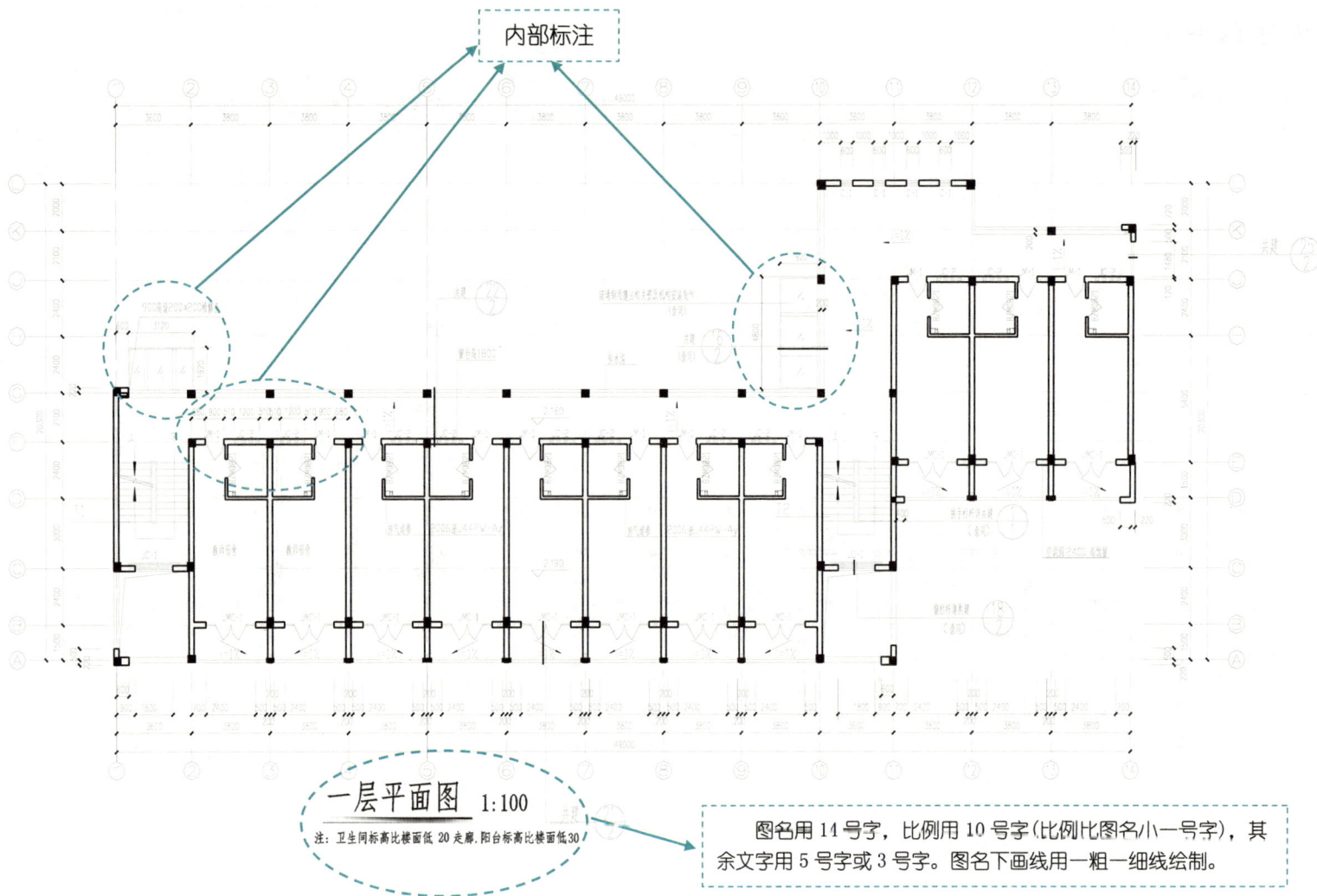

内部标注

一层平面图 1:100

注：卫生间标高比楼面低 20 走廊，阳台标高比楼面低30

图名用 14 号字，比例用 10 号字（比例比图名小一号字），其余文字用 5 号字或 3 号字。图名下画线用一粗一细线绘制。

图 1-35　注写内部标注及图名

尺寸

尺寸主要由尺寸数字、尺寸界线、尺寸线、起止符号四要素组成。正确走位与错误走位，如图1-36所示。尺寸排列与布置，如图1-37所示。

（1）尺寸数字：图样上的尺寸应以数字为准，不得从图上直接量取。其单位除标高及总图以"m"为单位，其余均以"mm"为单位。注写数字时要有正确的走位，应站在图板的下边或右边。字号为3号字。

（2）尺寸界线：界线是指距离量取的开始与结束的位置，绘制时宜超出尺寸线2—3 mm，同时应离开图样轮廓线2 mm以上。界线用细实线"——"绘制。

（3）尺寸线：尺寸线与被标注长度平行，同时图样本身不得作为尺寸线。两道尺寸线间距为7—10 mm。尺寸线用细实线"——"绘制。

（4）起止符号：其倾斜方向与尺寸界线成顺时针45°角，长度宜2—3 mm。起止符号用中粗实线"——"绘制。

图 1-36　正确走位与错误走位

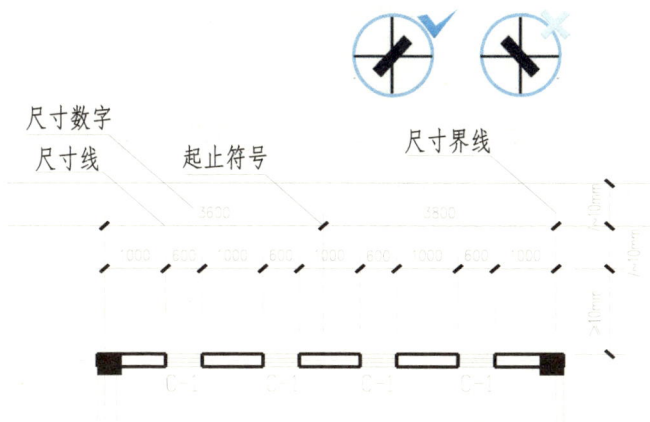

图 1-37　尺寸排列与布置

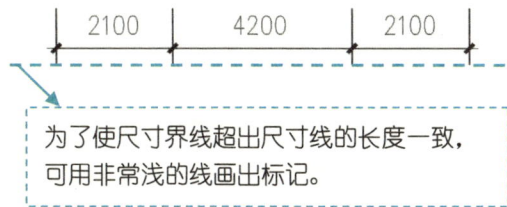

为了使尺寸界线超出尺寸线的长度一致，可用非常浅的线画出标记。

轴线编号

定位轴线的编号（如图 1-38）写在圆圈内，圆圈直径为 8—10 mm。同一套图纸圆圈直径宜一致，用细实线绘制。圆圈与定位轴线之间的延长线用细实线绘制。

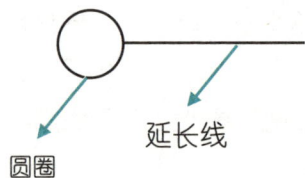

延长线

圆圈

图 1-38　定位轴线的编号

在绘制圆圈时，注意圆心应在同一直线上，可用非常浅的线画出标记。

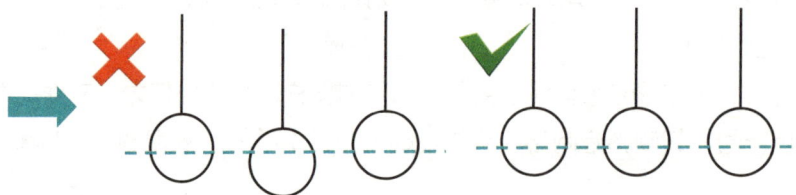

轴线编号横向（水平方向）应用阿拉伯数字，从左到右按顺序编写；竖向（垂直方向）应用大写拉丁字母，从下至上顺序编写。其中 I、0、Z 不得作为轴线编号，如图 1-39 所示。

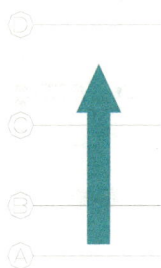

长得很像，分不清！

102
IOZ

图 1-39　轴线编号数字写法

第十一步 填写标题栏、清洁图面、保存图纸

1. 填写标题栏

学校、专业可用 7 号字，图名可用 10 号字，其余用 5 号字，如表 1-5 所示。

表 1-5 标题栏

××学校	专 业	建筑	图 号	建施-2
			比 例	1:100
班 级		一层平面图	日 期	
姓 名				
学 号			成 绩	

2. 清洁图面

用橡皮擦去多余的线以及一些脏的地方，如图 1-40 所示。

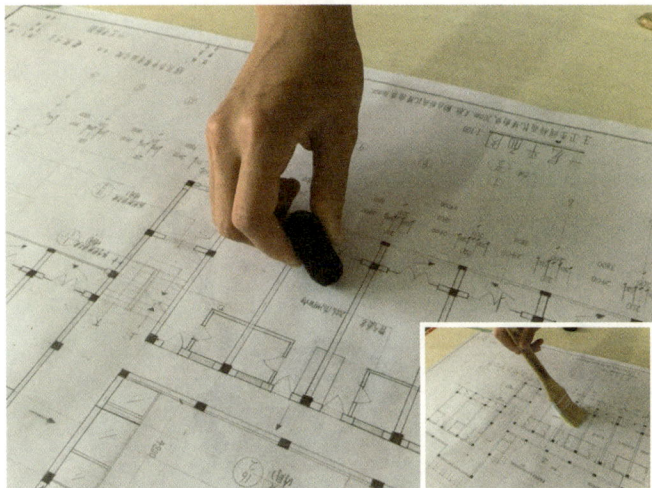

图 1-40 清洁图纸

3. 保存图纸

静静地欣赏完自己的成果后，请轻轻地把固定图纸的透明胶带撕去，把图纸卷起后放入画桶，如图 1-41 所示。

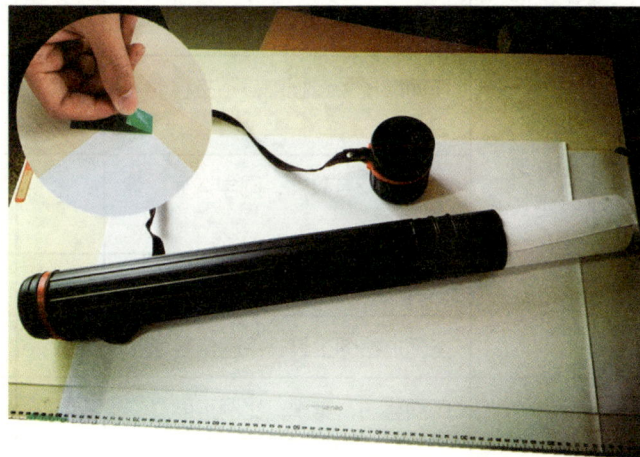

图 1-41 保存图纸

任务完成，你真棒！

评一评

根据下面的评价表（见表1-6），来给这次任务打个分数吧！

表1-6 评价表

序号	评价主体	考核内容及要求	分值	请在相应分值栏内打钩			
1	学习组长	及时完成任务	10	10	8	6	4
2		在完成任务过程中，不打扰他人学习	5	5	4	3	2
3		能够积极与教师、同学沟通，弥补不足	5	5	4	3	2
4		有自我约束力，能静心绘图	5	5	4	3	2
5		能爱护绘图工具、绘图仪器等	10	10	8	6	4
6	教师	图面整洁、美观，比例正确	10	10	8	6	4
7		绘制轴网准确	5	5	4	3	2
8		正确绘制墙线、门窗等构件	35	35	28	21	14
9		正确注写尺寸标注、文字	10	10	8	6	4
10		按照要求规范操作	5	5	4	3	2
说明：每个单项有4个评分等级，分别以完全达到、达到、基本达到、不能达到为划分标准。如单项5分，则对应为5分、4分、3分、2分				总分			

比一比

一层平面图绘制完成后，你可以与其他人比一比，看谁绘制的图更准确、整洁、美观。你可以和同学比，也可以和不认识的他或她比一比。请翻到附录"手工尺规制图案例1"，比拼一下，看看谁绘制得更好呢？

我们一起去完成下一个任务吧！绘制立面图！

☆项目三　绘制 ①~⑭ 轴立面图

绘制 ① ~ ⑭ 轴立面图，如图 1-42 所示。

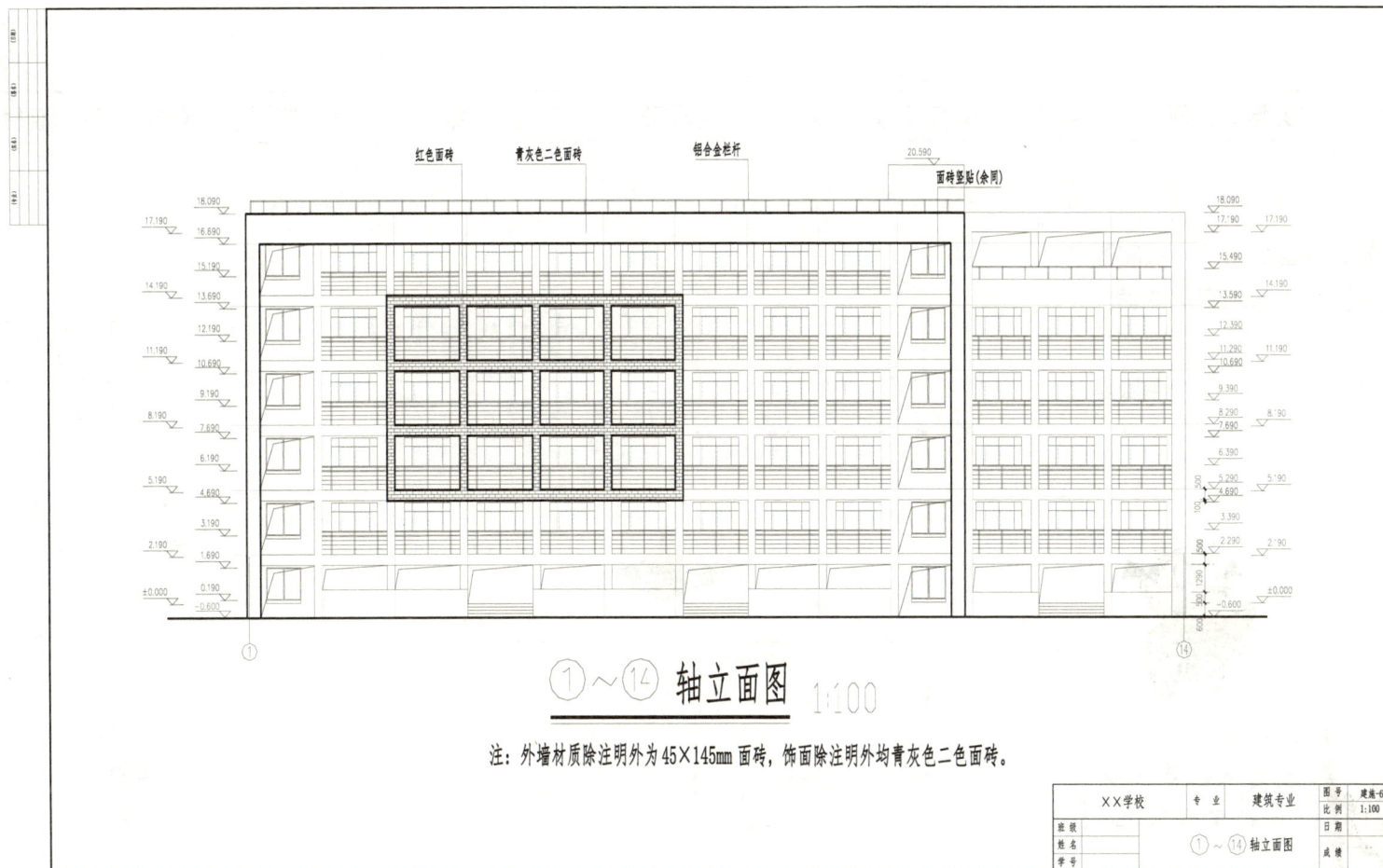

① ~ ⑭ 轴立面图 1:100

注：外墙材质除注明外为 45×145mm 面砖，饰面除注明外均青灰色二色面砖。

××学校	专　业	建筑专业	图号	建施-6
班级			比例	1:100
姓名		① ~ ⑭ 轴立面图	日期	
学号			成绩	

图 1-42　① ~ ⑭ 轴立面图

立面图绘制步骤:

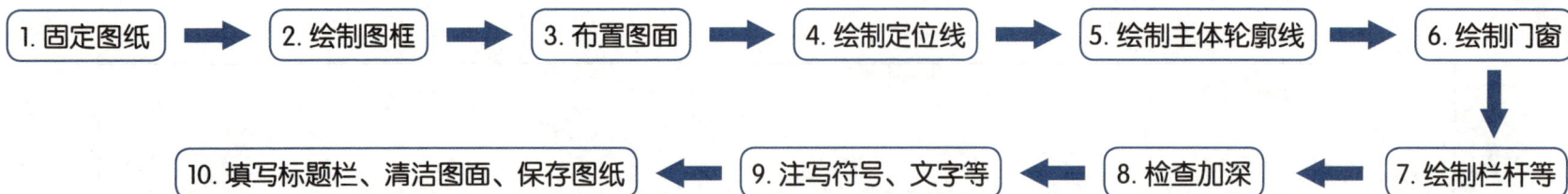

1. 固定图纸 → 2. 绘制图框 → 3. 布置图面 → 4. 绘制定位线 → 5. 绘制主体轮廓线 → 6. 绘制门窗

10. 填写标题栏、清洁图面、保存图纸 ← 9. 注写符号、文字等 ← 8. 检查加深 ← 7. 绘制栏杆等

还记得如何固定图纸、绘制图框、布置图面吗?如果忘记的话,请翻到"项目二绘制一层平面图"中的流程第一、二、三步,再操作一次吧!

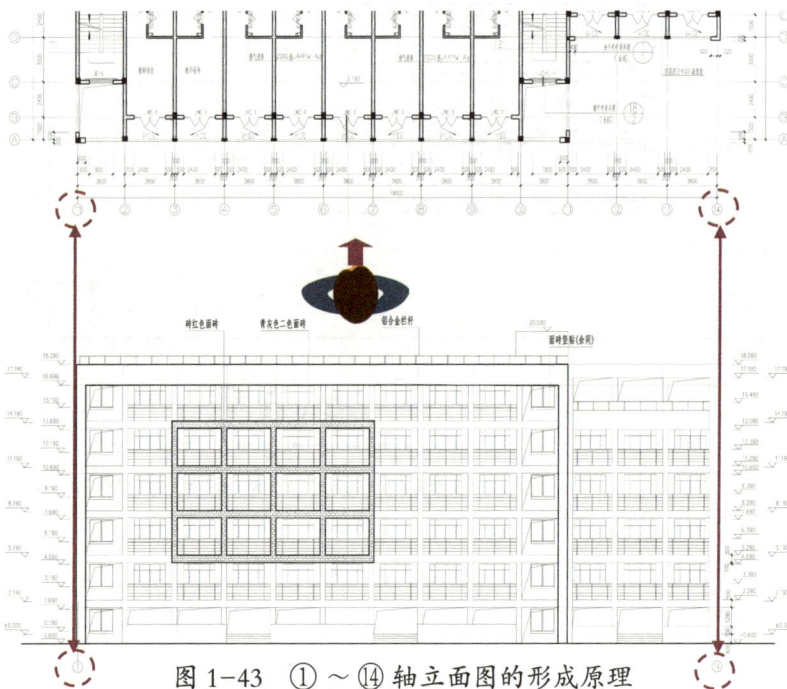

小伙伴,我们来到第四步绘制定位线吧!

为了更好地理解立面图的形成,绘制者可以站在平面图的正前方,以投射方式进行观察。如果是Ⓐ—Ⓑ立面图,那么绘制者应站在图纸右侧正对着图纸观察。不管绘制哪一个立面图,只要平面图最左侧、最右侧的轴线编号与立面图最左侧、最右侧的轴线编号对应即可,如 1-43 所示。

图 1-43 ①～⑭轴立面图的形成原理

立面图绘制过程

固定图纸、绘制图框、布置图面参考"项目二绘制一层平面图"，此处从第四步绘制定位线开始。

第四步　绘制定位线

绘制定位线，如图 1-44 所示。

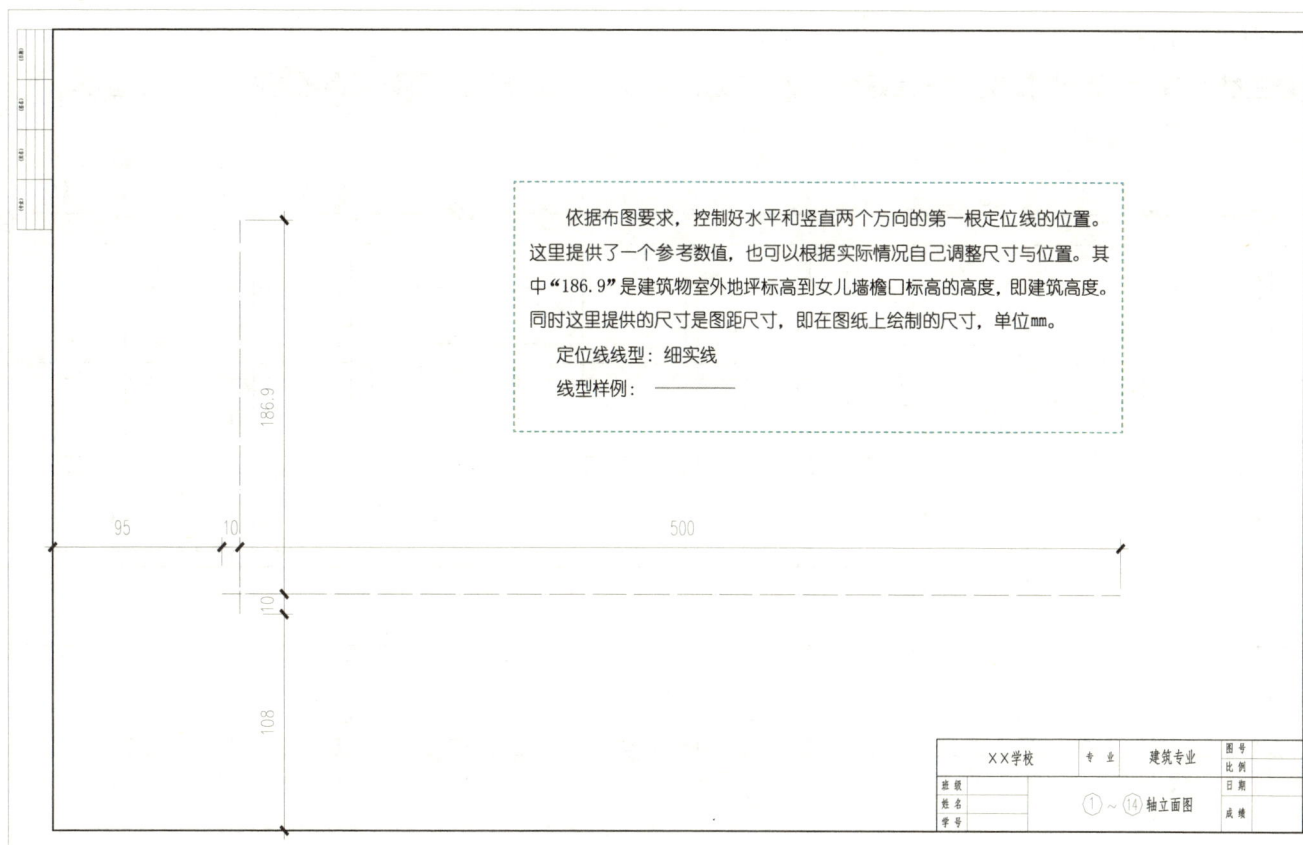

图 1-44　绘制定位线

立面图中不必画出轴网，但是为了绘制准确方便，还是需要绘制定位线的。立面图的定位线主要由水平定位及竖向定位线组成。由于立面图线条较为密集，在清洁图面时不便擦除线条。因此在绘制时应尽量将定位线的颜色画得浅淡些，以自己看得见为原则（越淡越好）。

水平定位线一般由室外地平线和每层楼面线组成。为了便于绘制，也可将在立面上有较为明显且有规律的水平线作为定位线。如，在本样例中，有标高差为 500 的双线呈较为明显且有规律的分布，可以以此作为水平定位线。通过对节点详图的识读，可以得到水平线之间的高差，按 1：100 的比例换算成图距尺寸。

竖向定位线一般可以取开间轴线。为了便于绘制，也可将有较为明显规律的竖直线作为定位线。如在本样例中，以柱宽 400 为尺寸的竖向双线，按 1：100 的比例换算成图距尺寸。

注意：图 1-45 中的数字皆为图距尺寸。定位线绘好后应逐一核对，从分尺寸到总尺寸，确认无误后再进行下一步工作。

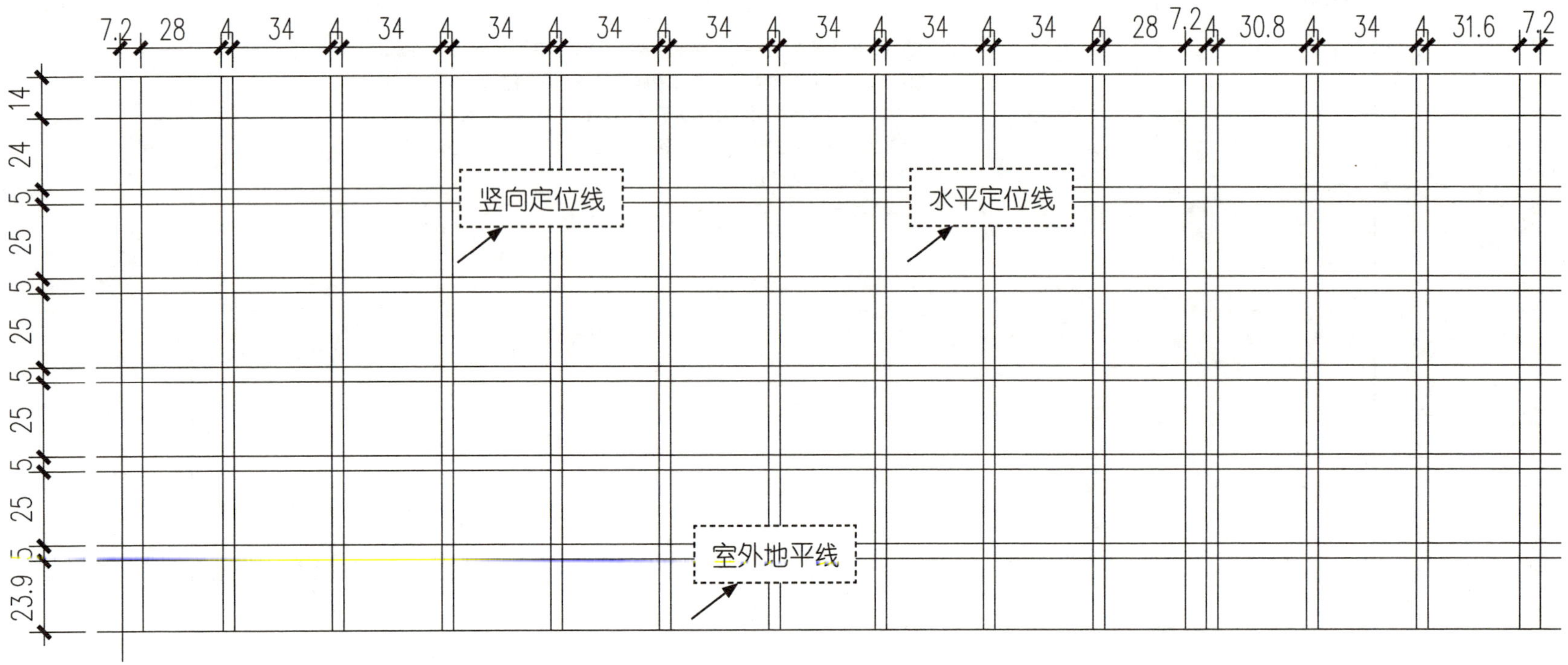

图 1-45　图距尺寸

第五步　绘制主体轮廓线

根据立面效果绘制主体轮廓线，如图 1-46 所示。一般主体轮廓线主要是指外墙外边线和一些明显的装饰线，采用细实线绘制。

注意：由于定位线较多，在绘制时容易出错，因此需要确认无误后再进行绘制。

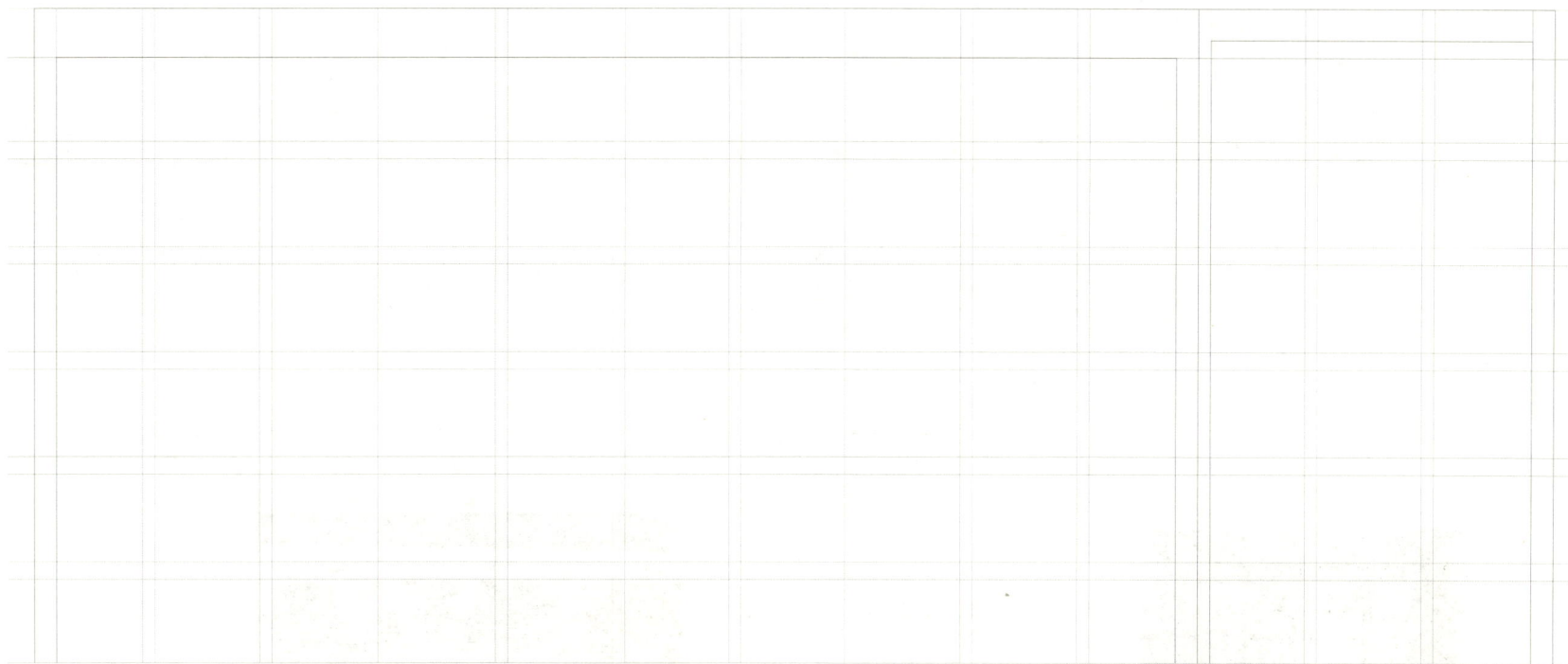

图 1-46　绘制主体轮廓线

第六步　绘制门窗

1. 绘制洞口

　　这里的洞口主要指阳台洞口。本次样例在绘制洞口（如图 1-47）时，大部分洞口线条可以直接沿定位线绘制，但也有一些线条以定位线作为参考线进行绘制。

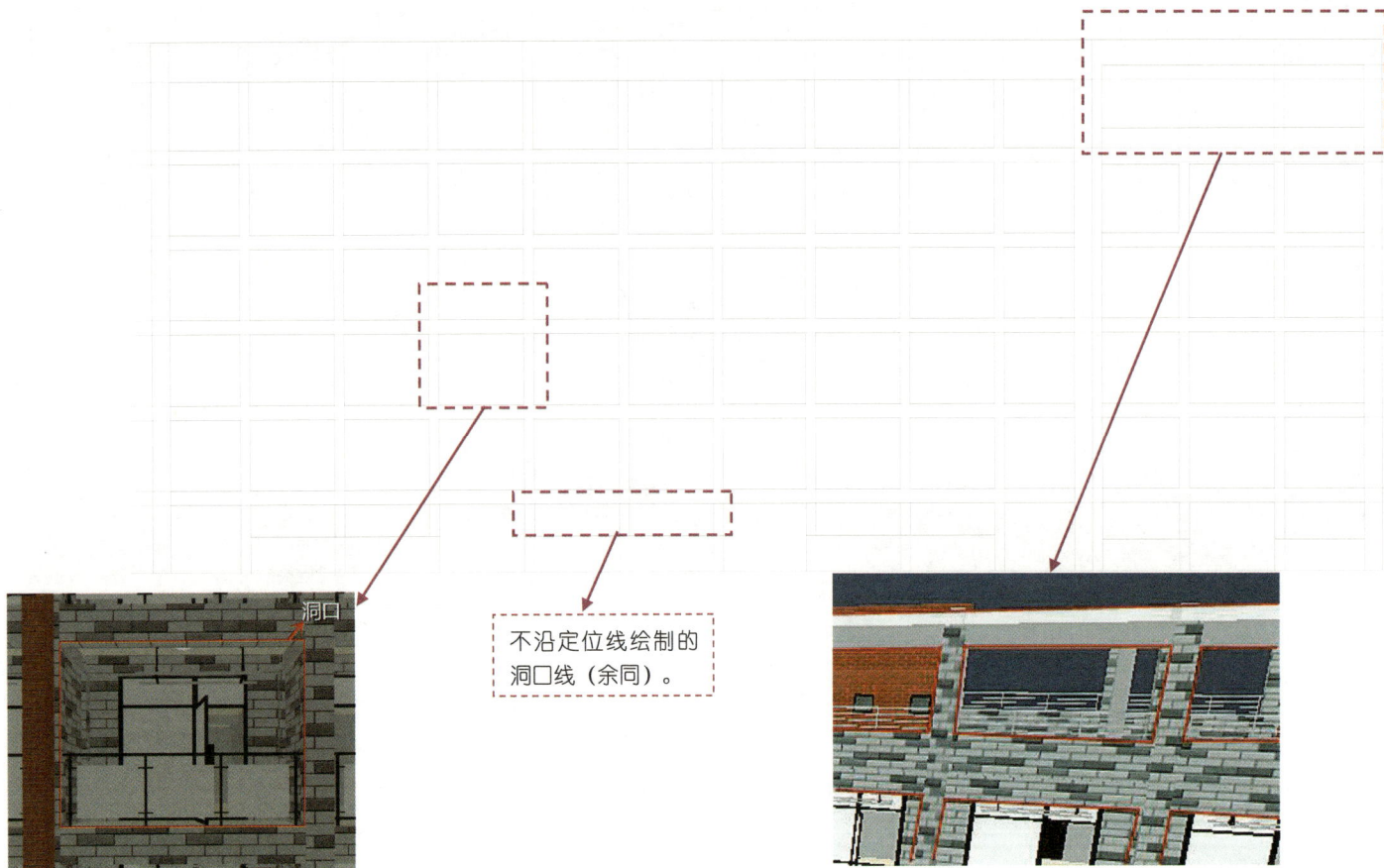

不沿定位线绘制的洞口线（余同）。

图 1-47　绘制洞口

2.绘制窗

绘制窗（如图1-48）时，应注意识读窗台与窗顶标高，标高单位为m 。除了窗的立面标高需要识读，还需识读窗的平面位置，单位为mm。

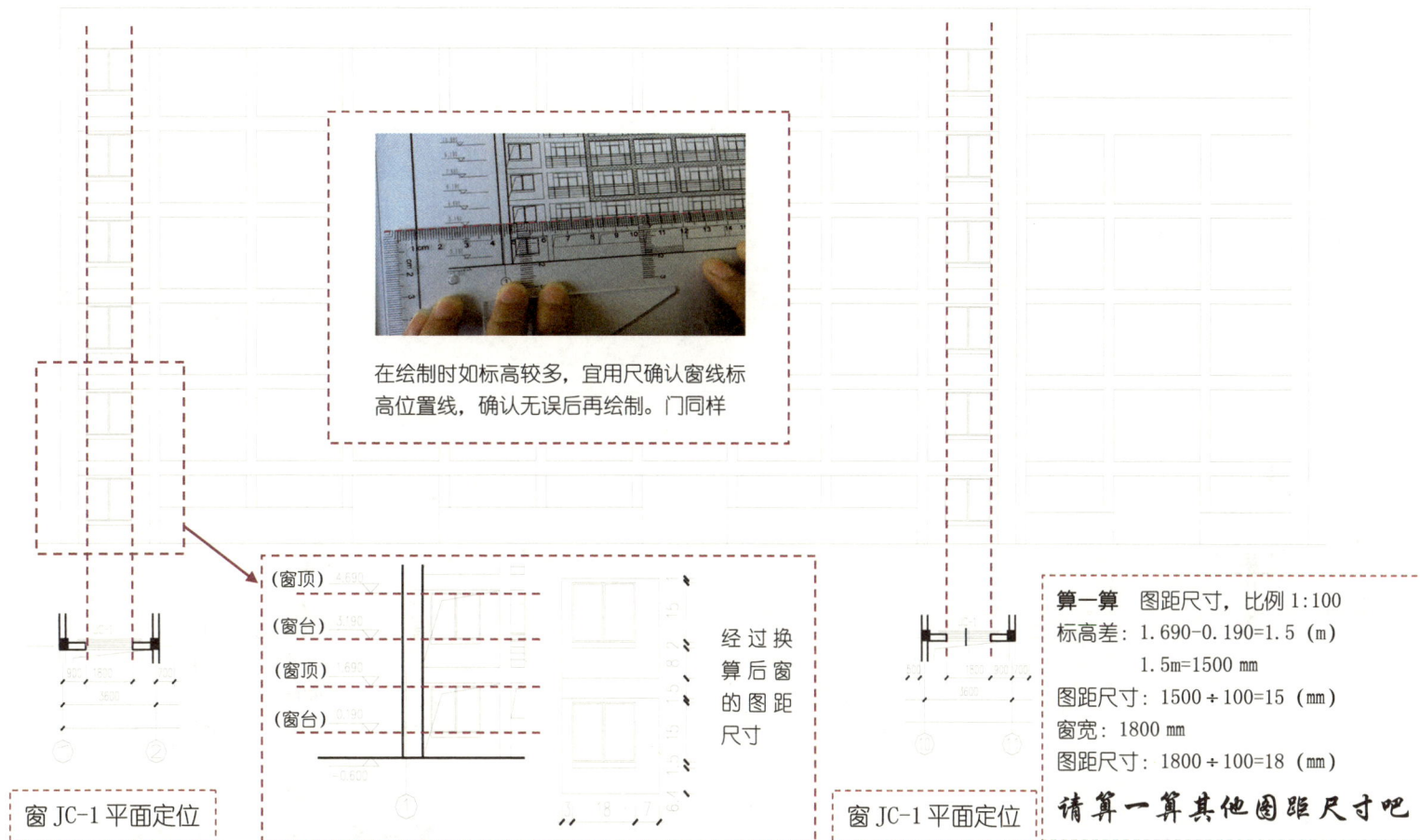

在绘制时如标高较多，宜用尺确认窗线标高位置线，确认无误后再绘制。门同样

（窗顶）
（窗台）
（窗顶）
（窗台）

经过换算后窗的图距尺寸

窗 JC-1 平面定位

窗 JC-1 平面定位

算一算 图距尺寸，比例1:100
标高差：1.690-0.190=1.5（m）
　　　　1.5m=1500 mm
图距尺寸：1500÷100=15（mm）
窗宽：1800 mm
图距尺寸：1800÷100=18（mm）

请算一算其他图距尺寸吧

图 1-48　绘制窗

3. 绘制门（如图1-49）

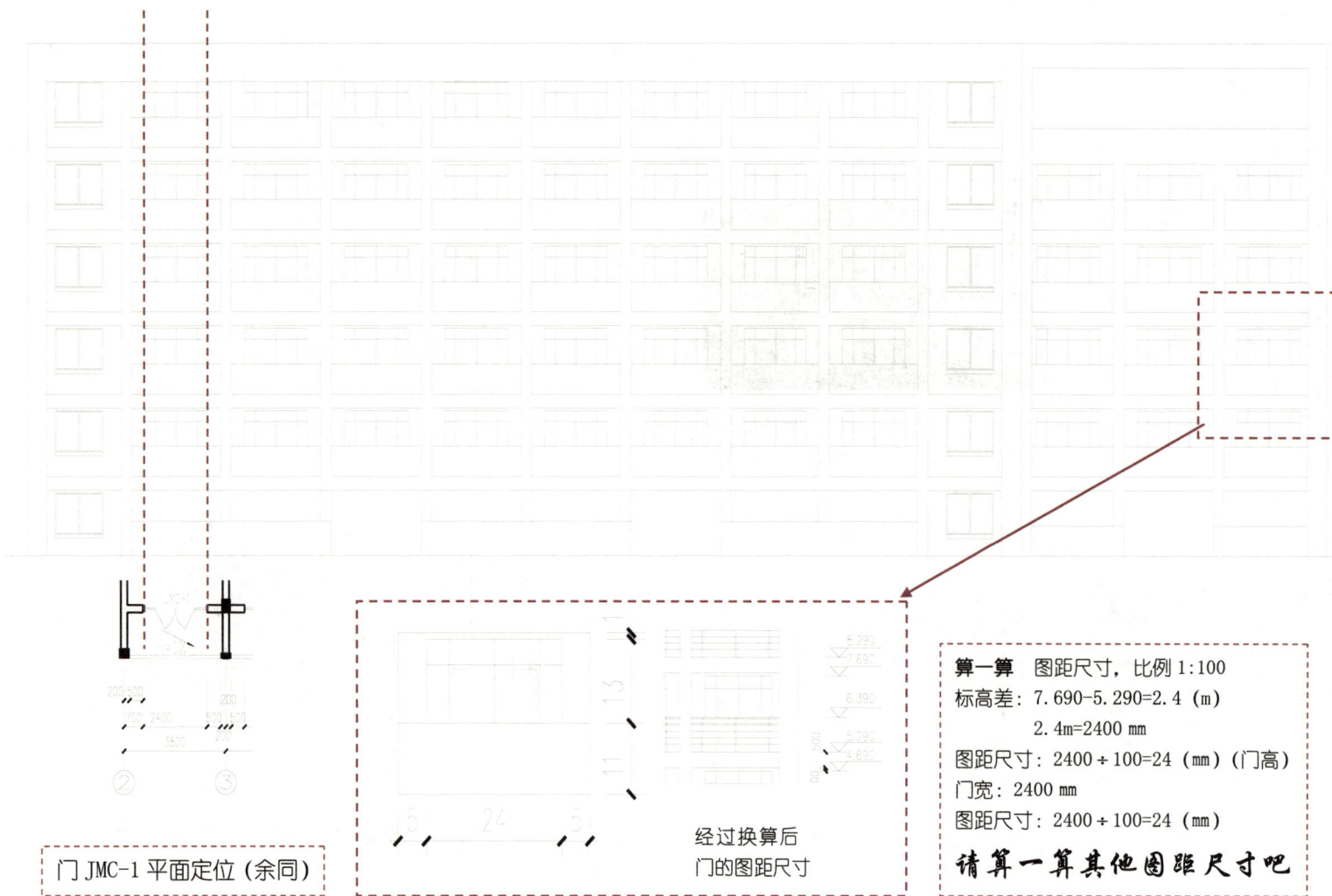

门 JMC-1 平面定位（余同）

经过换算后
门的图距尺寸

算一算　图距尺寸，比例1:100
标高差：7.690-5.290=2.4（m）
　　　　　2.4m=2400 mm
图距尺寸：2400÷100=24（mm）（门高）
门宽：2400 mm
图距尺寸：2400÷100=24（mm）

请算一算其他图距尺寸吧

图 1-49　绘制门

第七步　绘制栏杆等

1. 绘制栏杆

绘制栏杆（如图 1-50），应结合节点详图进行绘制。

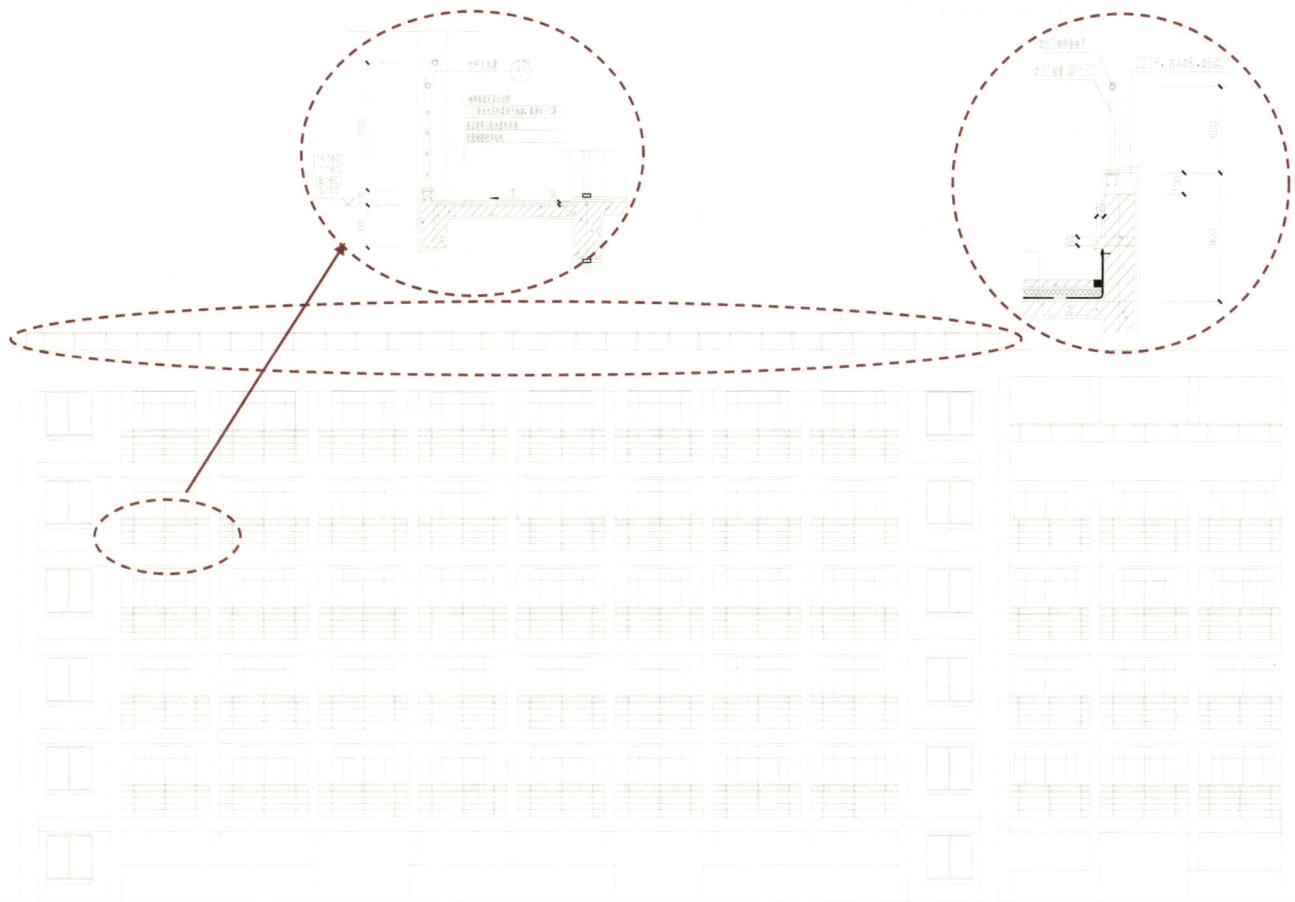

图 1-50　绘制栏杆

2. 绘制台阶

绘制台阶，突出屋面楼梯间、墙面装饰及架空符号，如图 1-51 所示。

突出屋面楼梯间：开间为 3600mm，加上 240 mm墙厚，宽度为 2840mm。

墙面装饰采用的是贴面砖

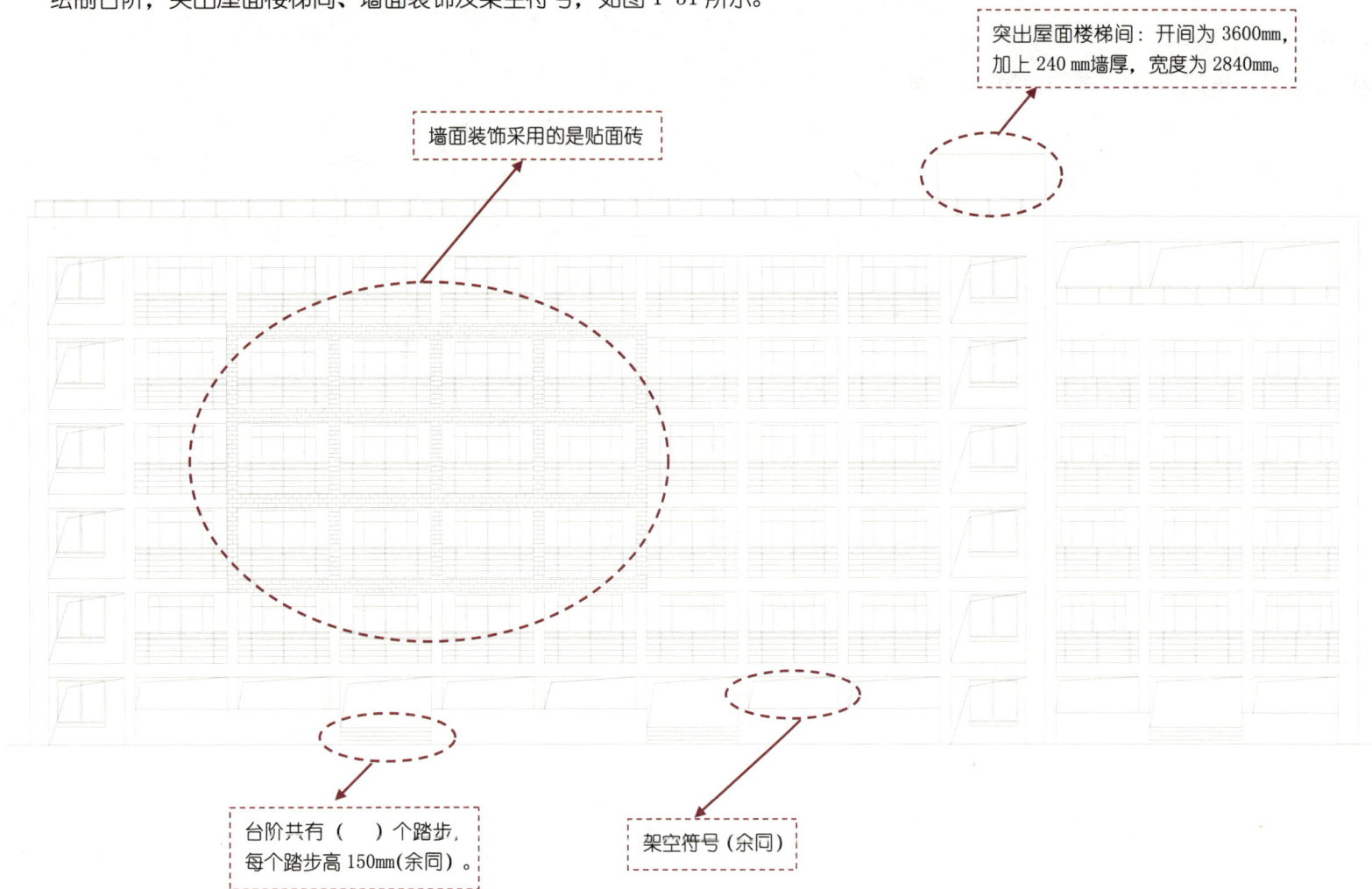

台阶共有（ ）个踏步，每个踏步高 150mm(余同)。

架空符号（余同）

图 1-51　绘制台阶

第八步 检查加深

检查无误后，依照构件线型要求逐一进行描线加深，顺序是从上到下，从左到右。由于后期线条较多，因此可采用项目二中介绍的图纸保洁小技巧来保持图纸的干净整洁，如图 1-52 所示。

图 1-52 检查加深

第九步　注写符号、文字等

在做好图纸保洁的基础上，依次注写文字、轴网编号、标高符号、数字、图名，如图1-53所示。

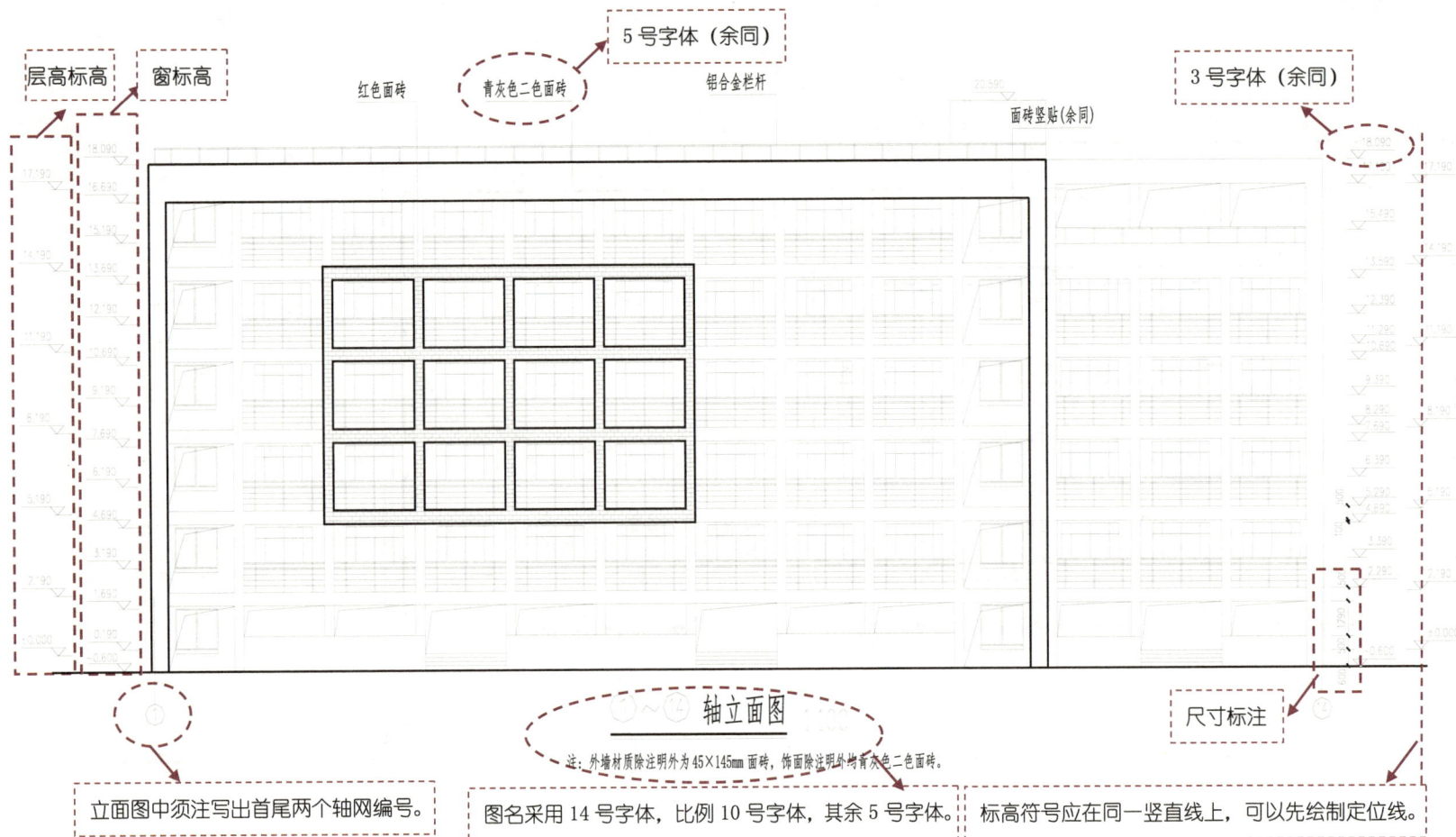

图 1-53　注写文字、轴网编号、标高符号、数字、图名

第十步　填写标题栏、清洁图面、保存图纸

标题栏填写完成后，擦去多余的线条，按照项目二中的要求进行图纸保存，如图 1-54 所示。

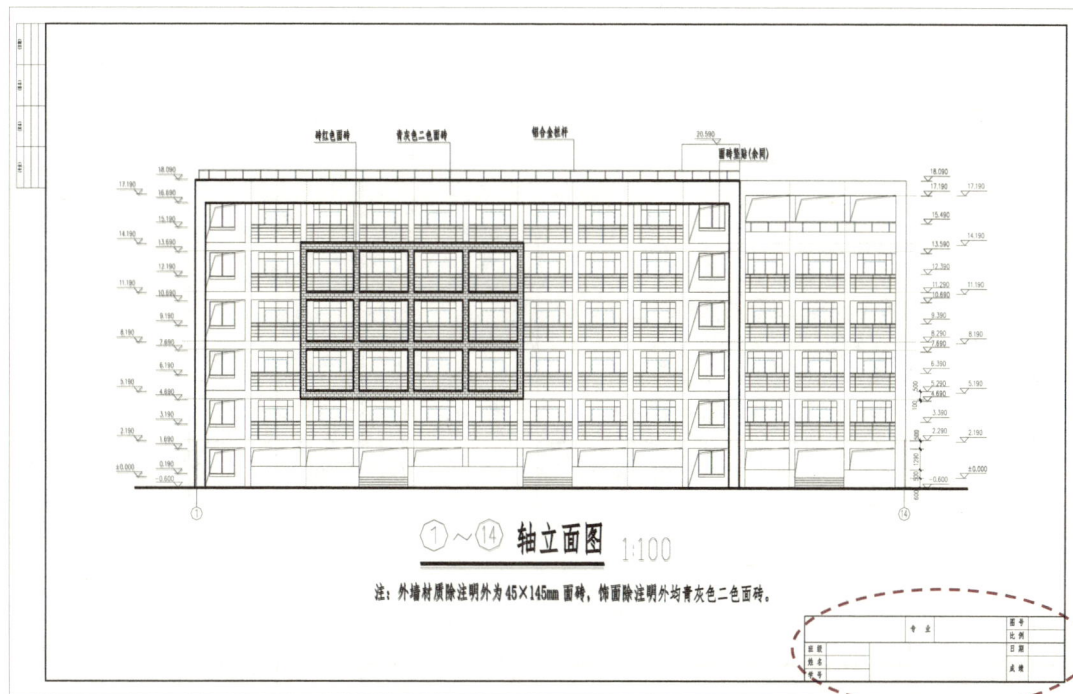

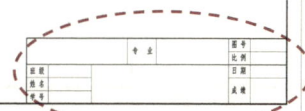

任务完成，你真棒！

×× 学校	专　业	建筑	图　号	建施-6
			比　例	1:100
班　级		①～⑭ 轴立面图	日　期	
姓　名			成　绩	
学　号				

图 1-54　填写标题栏，清洁图面后保存图纸

评一评

根据下面的评价表（如表1-7），来给这次任务打个分数吧！

表1-7　评价表

序号	评价主体	考核内容及要求	分值	请在相应分值栏内打钩			
1	学习组长	及时完成任务	10	10	8	6	4
2		在完成任务过程中，不打扰他人学习	5	5	4	3	2
3		能够积极与教师、同学沟通，弥补不足	5	5	4	3	2
4		有自我约束力，能静心绘图	5	5	4	3	2
5		能爱护绘图工具、绘图仪器等	10	10	8	6	4
6	教师	图面整洁、美观，比例正确	10	10	8	6	4
7		正确绘制墙线、门窗、栏杆等构件	30	30	24	18	12
8		正确注写尺寸标注、文字	10	10	8	6	4
9		正确注写标高	10	10	8	6	4
10		按照要求规范操作	5	5	4	3	2
说明：每个单项有4个评分等级，分别以完全达到、达到、基本达到、不能达到为划分标准。如单项5分，则对应为5分、4分、3分、2分				总分			

比一比

①～⑭轴立面图绘制完成后，你可以与其他人比一比，看谁绘制的图更准确、整洁、美观。你可以和同学比，也可以和不认识的他或她比一比。请翻到附录"手工尺规制图案例2"。比拼一下，看看谁画得更好呢？

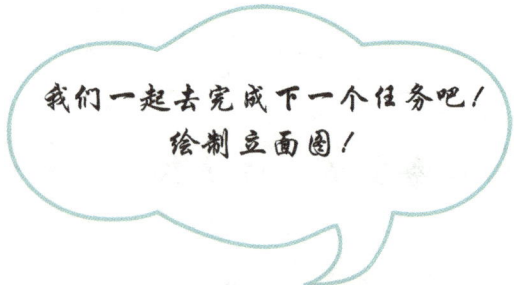

我们一起去完成下一个任务吧！绘制立面图！

☆ 项目四　绘制 1-1、2-2 剖面图

1-1 剖面图、2-2 剖面图，如图 1-55 所示。

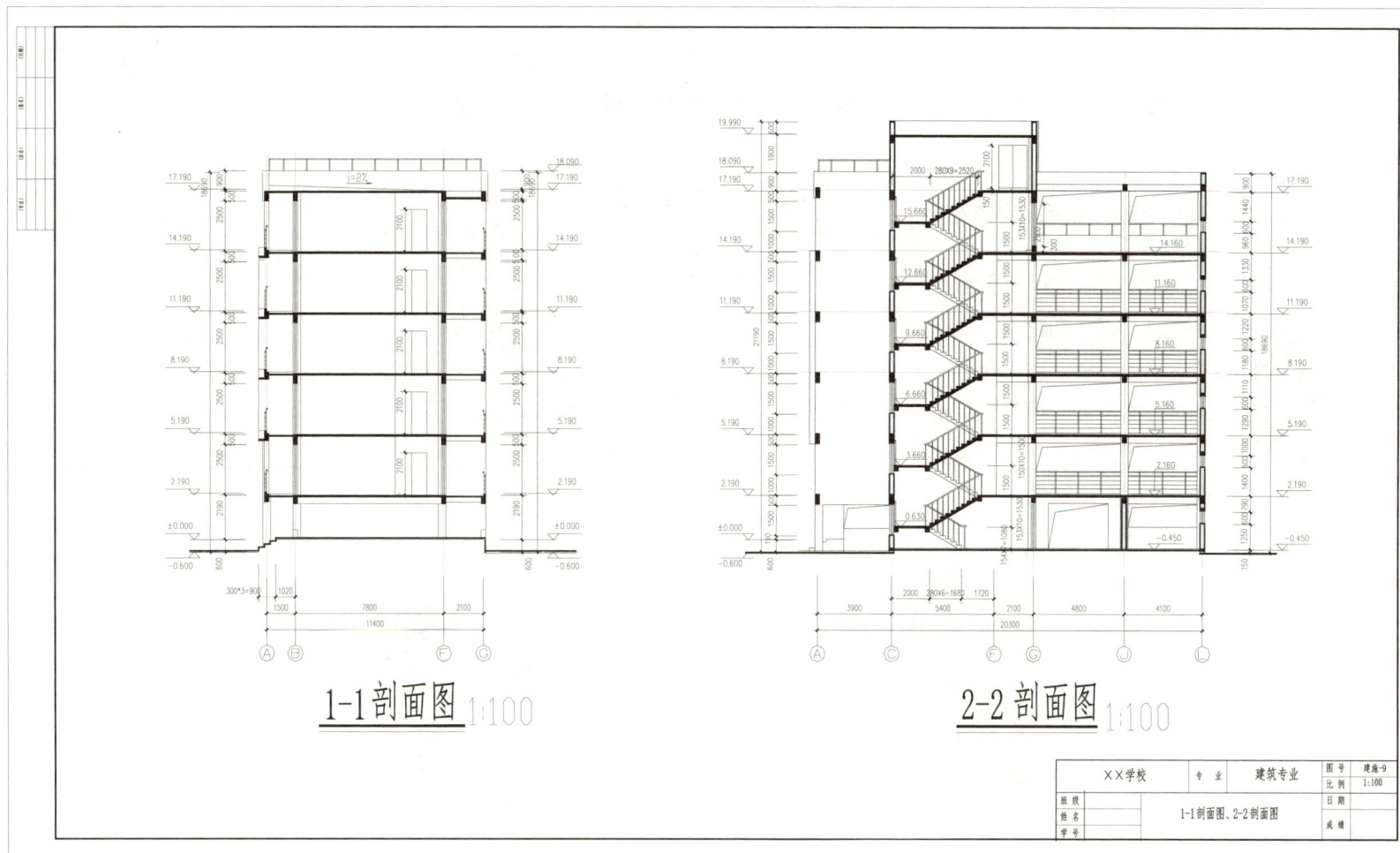

图 1-55　剖面图

绘制步骤

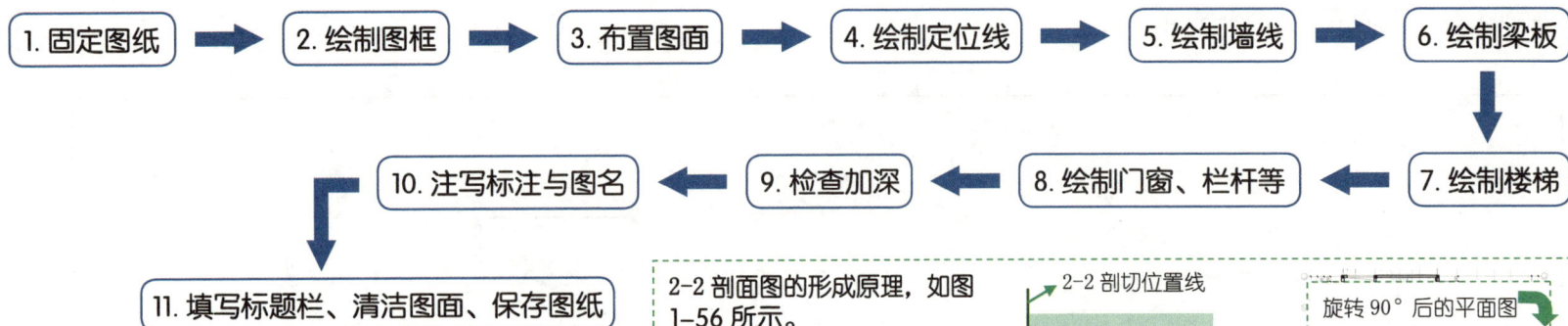

1. 固定图纸 → 2. 绘制图框 → 3. 布置图面 → 4. 绘制定位线 → 5. 绘制墙线 → 6. 绘制梁板
↓
11. 填写标题栏、清洁图面、保存图纸 ← 10. 注写标注与图名 ← 9. 检查加深 ← 8. 绘制门窗、栏杆等 ← 7. 绘制楼梯

在完成前面两张图纸的绘制后，同学们对手工制图已有初步了解，也具备了一定的绘图技能。现在请完成手工制图的最后一个项目，希望大家继续努力！

小伙伴，我们来到第四步绘制定位线吧！

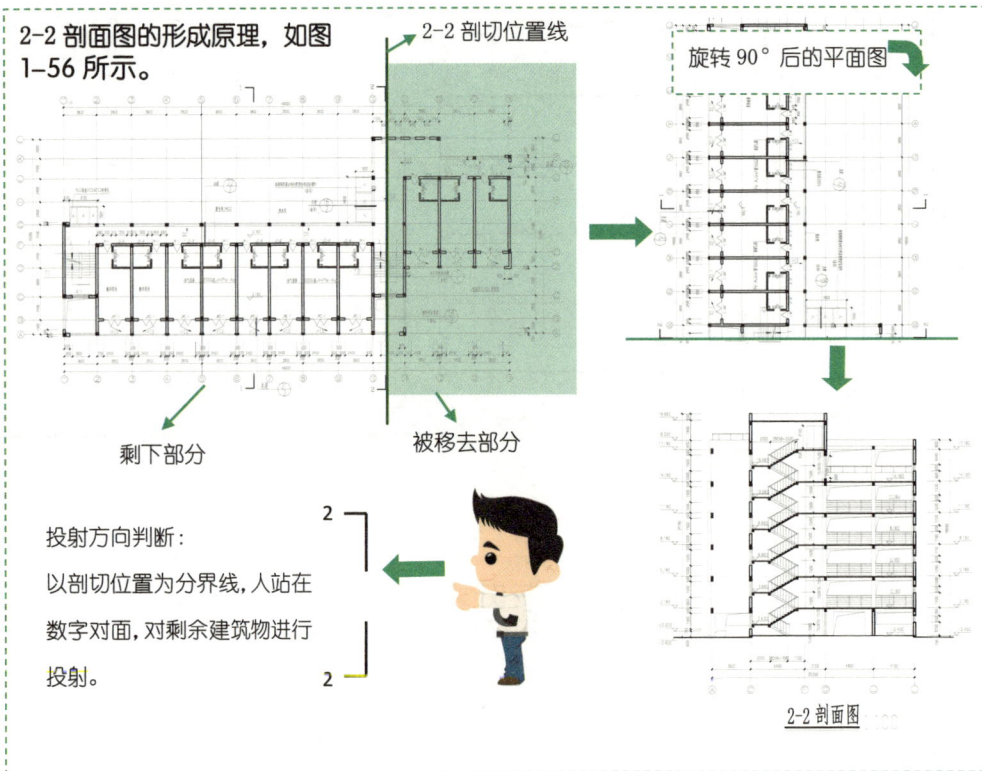

2-2 剖面图的形成原理，如图 1-56 所示。

2-2 剖切位置线

旋转 90° 后的平面图

剩下部分

被移去部分

投射方向判断：
以剖切位置为分界线，人站在数字对面，对剩余建筑物进行投射。

2

2

2-2 剖面图

图 1-56　2-2 剖面图绘制原理

剖面图绘制过程

固定图纸、绘制图框布置图面参考项目二绘制一层"平面图"，此处从第四步绘制定位线开始。

第四步 绘制定位线

绘制定位线，如图 1-57 所示。

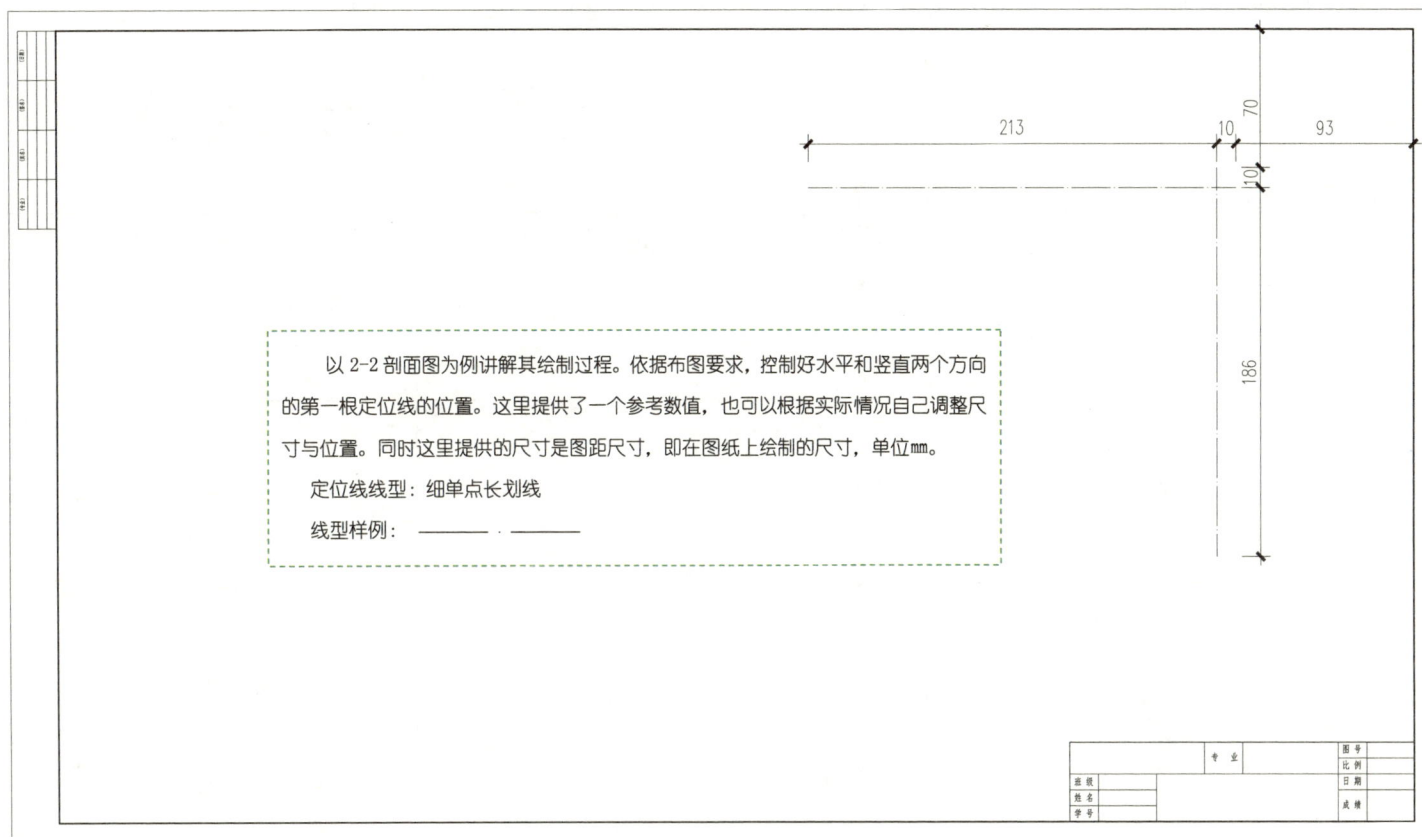

213　　10　70
93
10
186

以 2-2 剖面图为例讲解其绘制过程。依据布图要求，控制好水平和竖直两个方向的第一根定位线的位置。这里提供了一个参考数值，也可以根据实际情况自己调整尺寸与位置。同时这里提供的尺寸是图距尺寸，即在图纸上绘制的尺寸，单位mm。

定位线线型：细单点长划线

线型样例：———— · ————

专 业　图 号
比 例
班 级　日 期
姓 名
学 号　成 绩

图 1-57　绘制定位线

剖面图不同于立面图，剖面图需要绘制表示进深的定位轴线（竖向定位线），同时为了绘图方便也需要绘制水平定位线。在绘制定位线时的原则，与绘制立面图定位线一样，应以淡细为原则。

水平定位线主要包括室内地平线和楼面线。水平定位线之间的垂直距离一般取层高。在绘制时请按比例 1：100 把实距尺寸换算成图距尺寸，如标高 2.190 m 与标高 -0.450m 的高差为 2.64 m，换算成图距尺寸为 26.4 mm，以此类推。

竖向定位线分别对应轴网 A、C、F、G、J、L。在绘制时请按比例 1：100 把实距尺寸换算成图距尺寸，如 A—C 轴实距尺寸为 3900 mm，图距尺寸即为 39 mm，以此类推。

注意：图 1-58 中的数字皆为图距尺寸。定位线绘好后应逐一核对，从分尺寸到总尺寸，确认无误后再进行下一步工作。

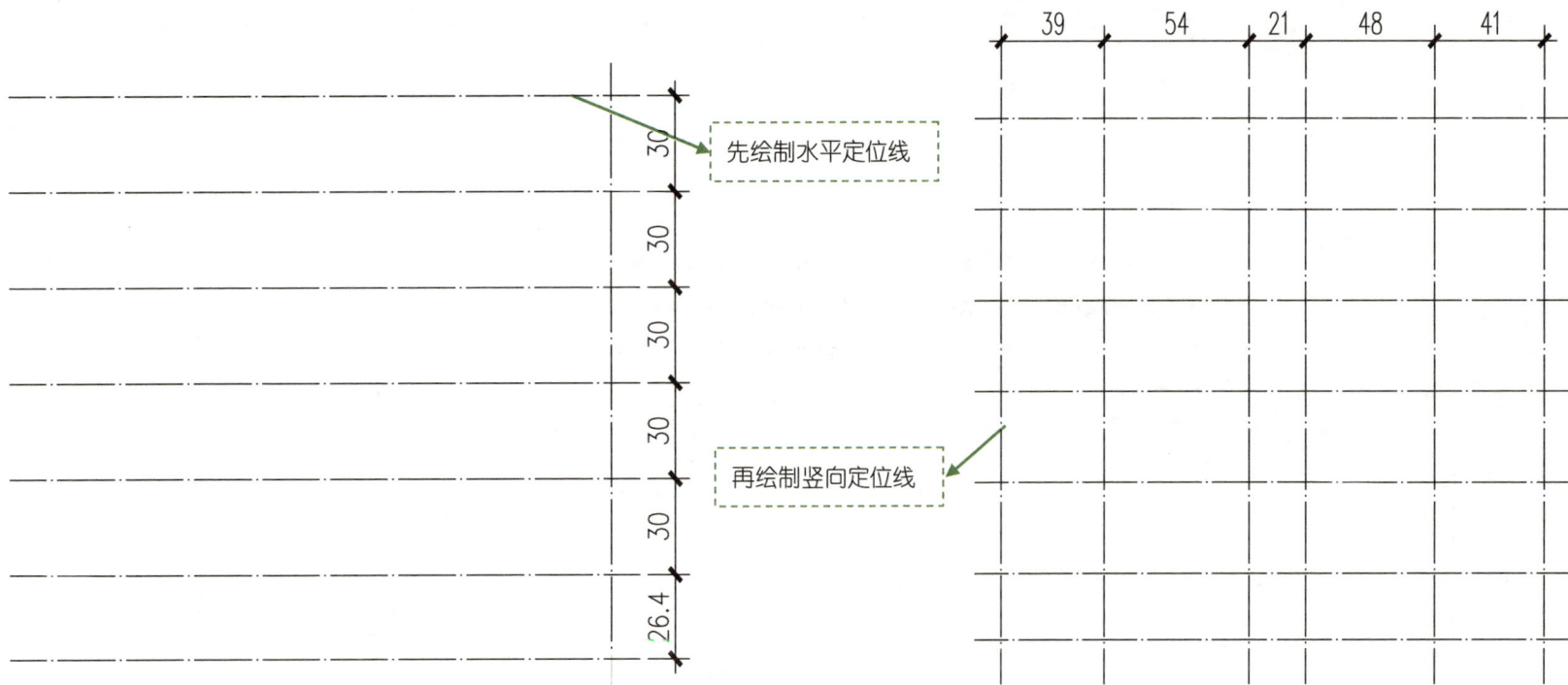

图 1-58　图距尺寸

第五步 绘制墙线

　　绘制墙线（如图 1-59）时，除了要绘制被剖切到的墙线，有些可见的柱、墙等构件也可同时绘制。本图中墙厚实际尺寸为 240 mm，柱宽实际尺寸为 400 mm。在绘制剖面图时需经常与平面图进行对照，以使绘制准确。由于本次图样只附一层平面图，一些尺寸无法查看，因此在流程中进行了注明。

　　注意：绘制时均采用细实线绘制，在后期检查无误后再统一加深涂黑。

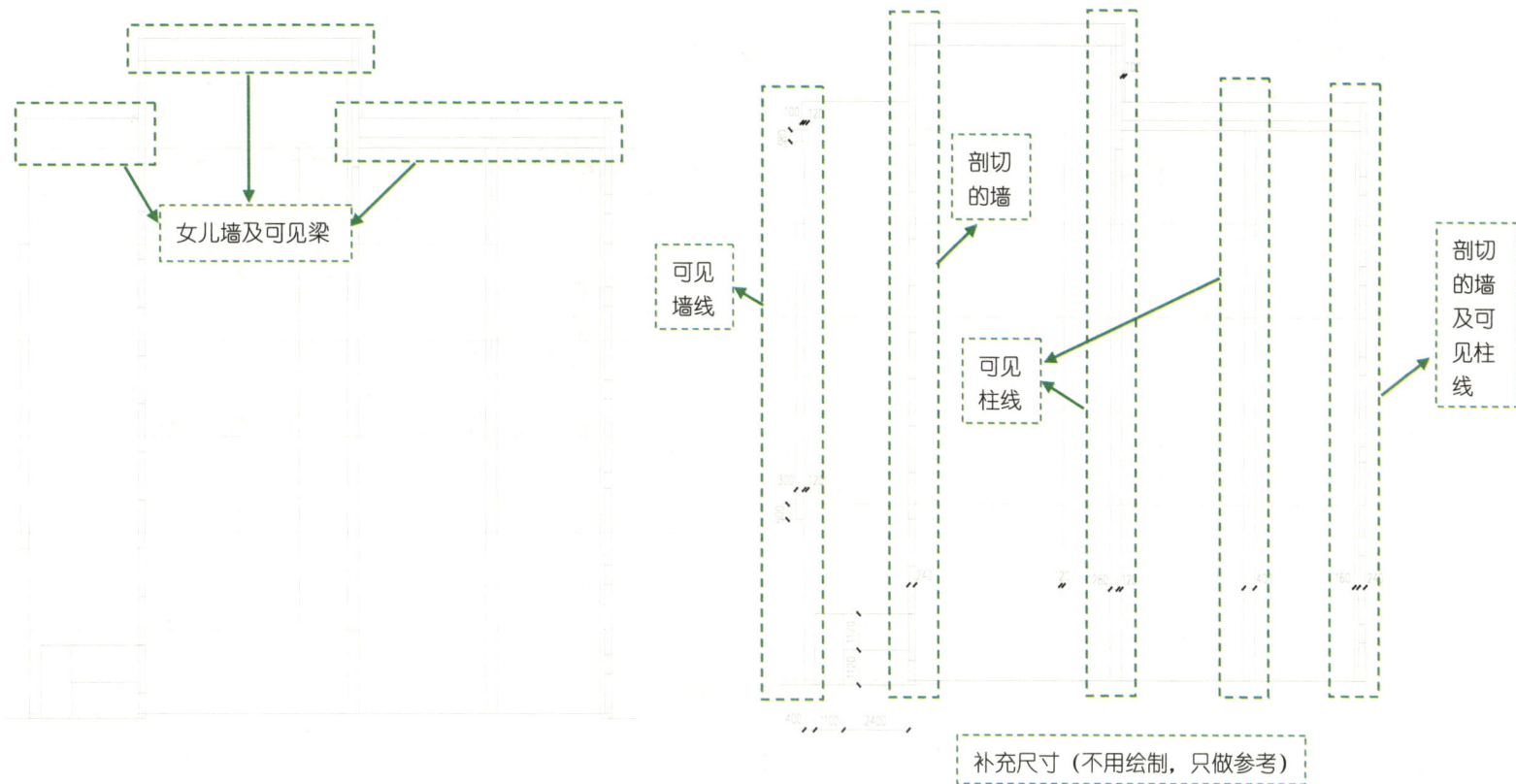

女儿墙及可见梁

剖切的墙

可见墙线

可见柱线

剖切的墙及可见柱线

补充尺寸（不用绘制，只做参考）

图 1-59　绘制墙线

第六步　绘制梁板

绘制梁板如图 1-60 所示:

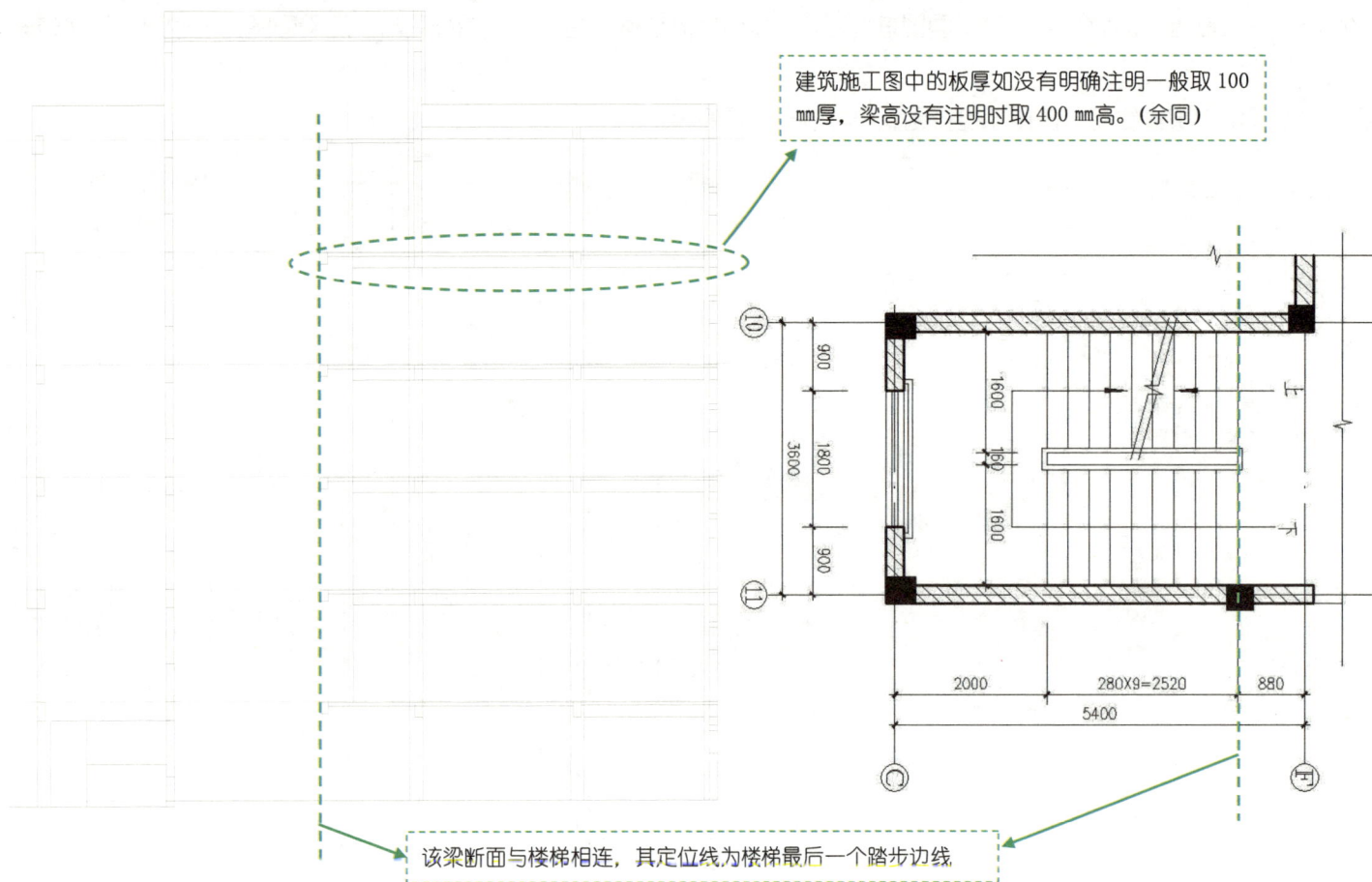

建筑施工图中的板厚如没有明确注明一般取 100 mm厚，梁高没有注明时取 400 mm高。（余同）

该梁断面与楼梯相连，其定位线为楼梯最后一个踏步边线。

图 1-60　绘制梁板

第七步　绘制楼梯

绘制楼梯如图 1-61 所示：

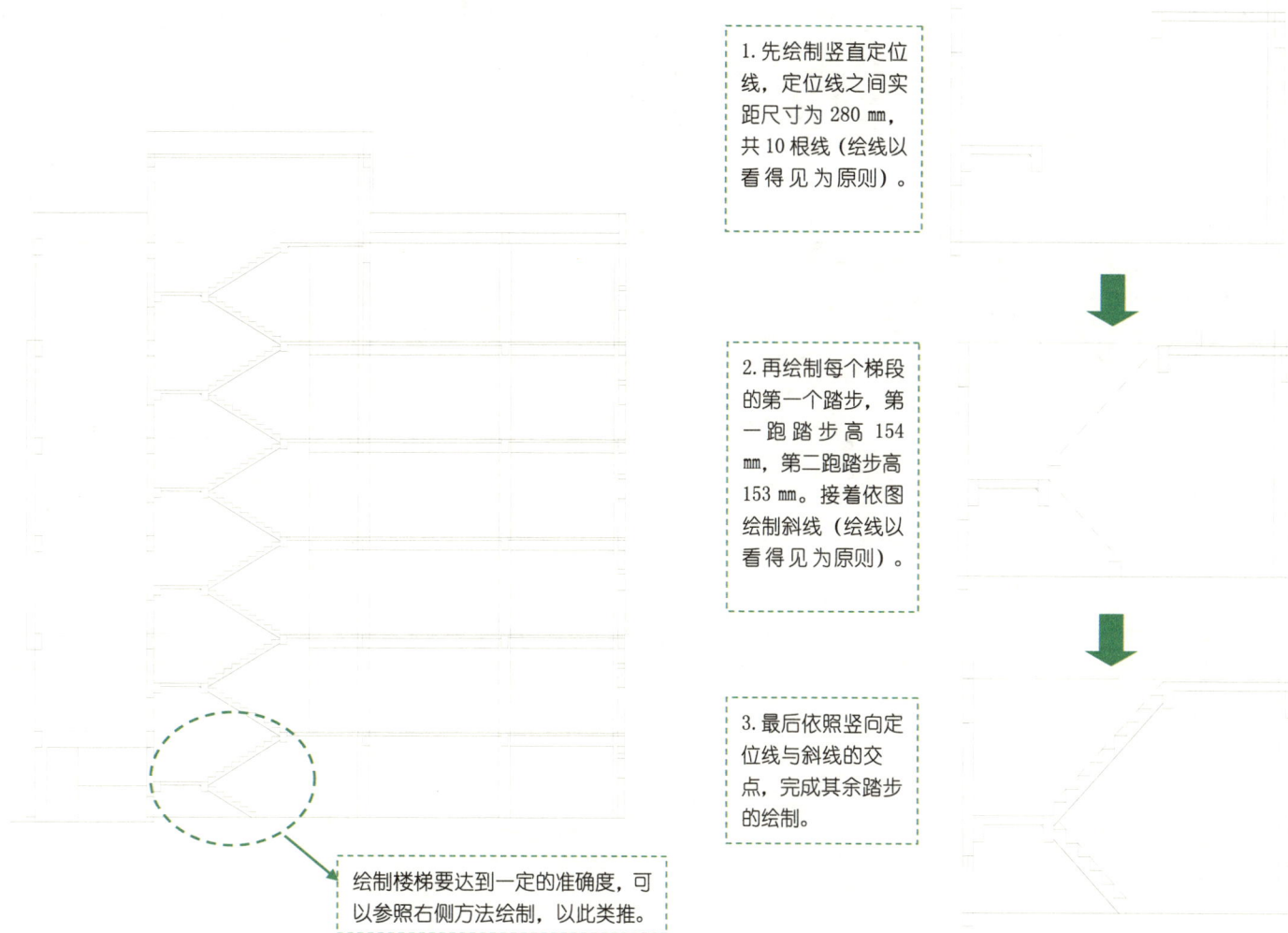

1. 先绘制竖直定位线，定位线之间实距尺寸为 280 mm，共 10 根线（绘线以看得见为原则）。

2. 再绘制每个梯段的第一个踏步，第一跑踏步高 154 mm，第二跑踏步高 153 mm。接着依图绘制斜线（绘线以看得见为原则）。

3. 最后依照竖向定位线与斜线的交点，完成其余踏步的绘制。

绘制楼梯要达到一定的准确度，可以参照右侧方法绘制，以此类推。

图 1-61　绘制楼梯

第八步 绘制门窗、栏杆等

1.绘制门窗（如图1-62）

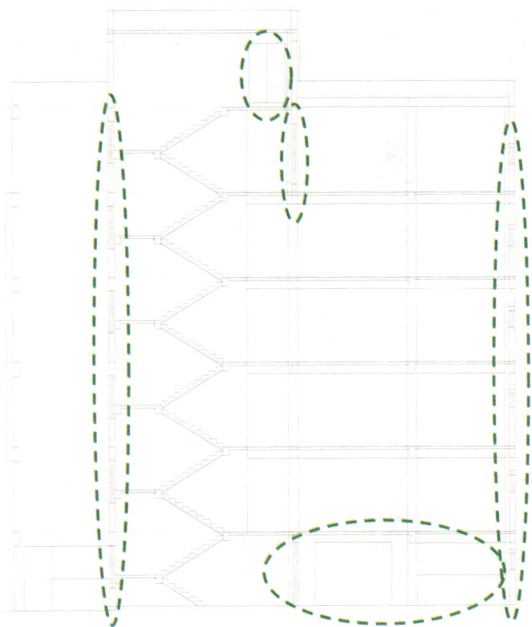

2.绘制栏杆（如图1-63）

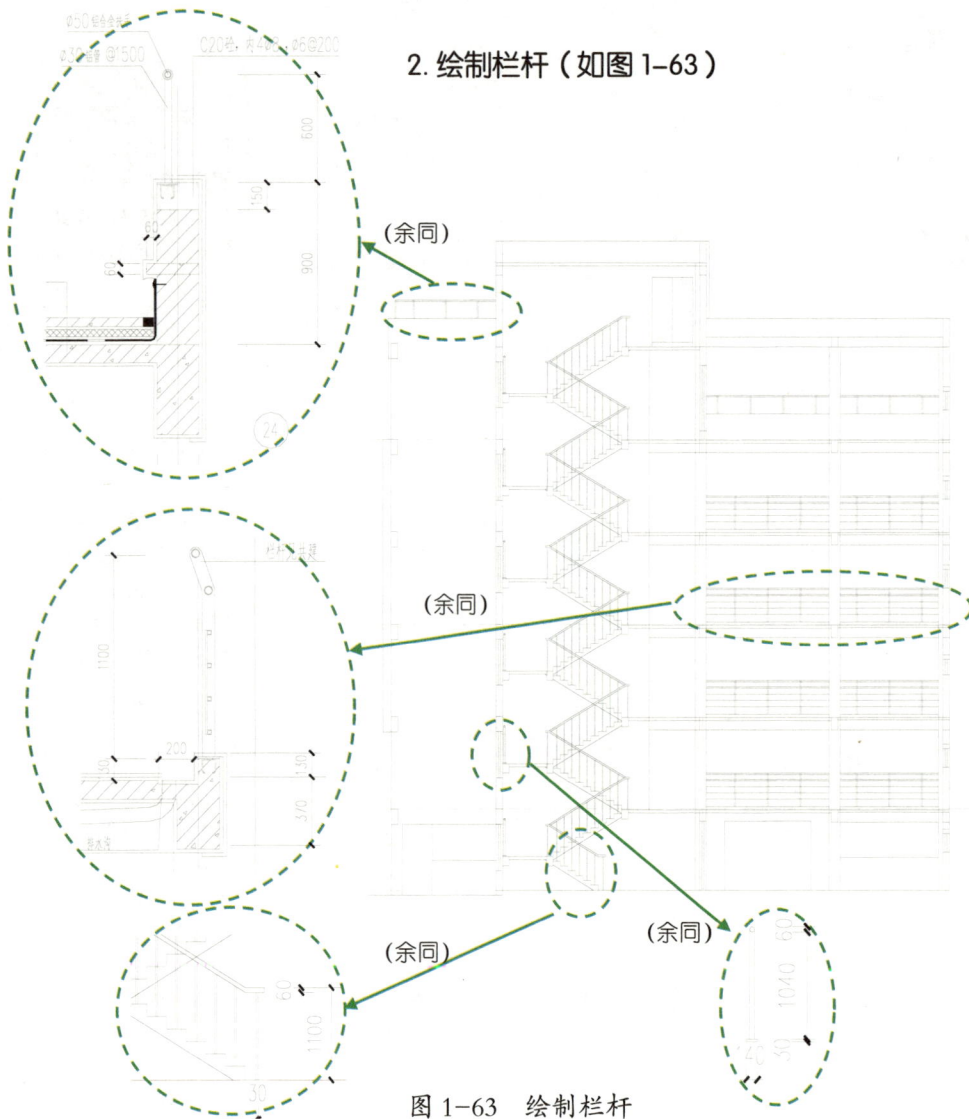

（余同）

（余同）

（余同）

（余同）

除了剖到的门窗需要绘制外，投射看到的门窗也需要绘制。门窗上方无梁时应绘制过梁，过梁无尺寸标注时一般绘制100mm高。

图 1-62　绘制门窗

图 1-63　绘制栏杆

3. 绘制台阶、架空符号

绘制台阶、架空符号如图 1-64 所示。

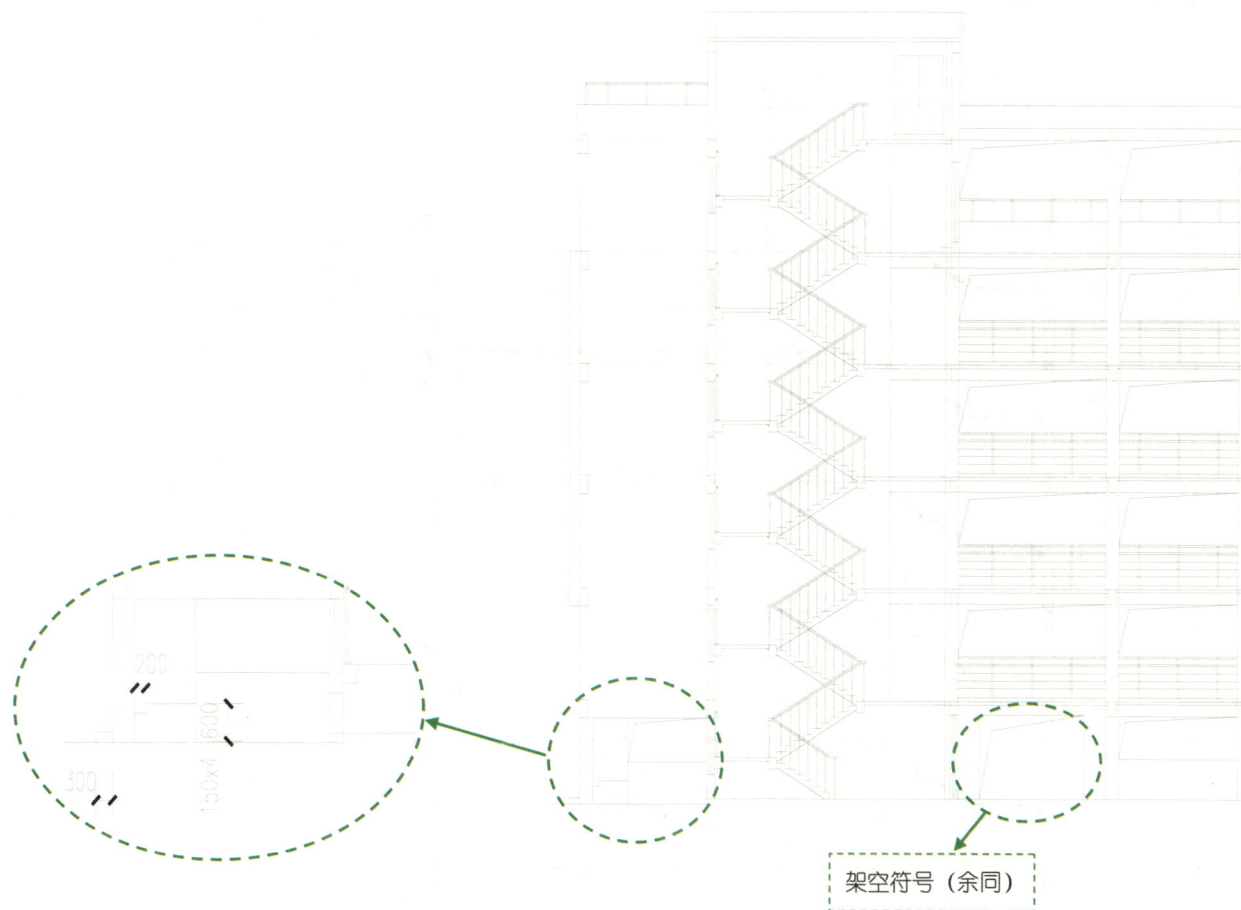

架空符号（余同）

图 1-64 绘制台阶、架空符号

第九步　检查加深

每次检查加深（如图 1-65），都要注意图纸保洁！

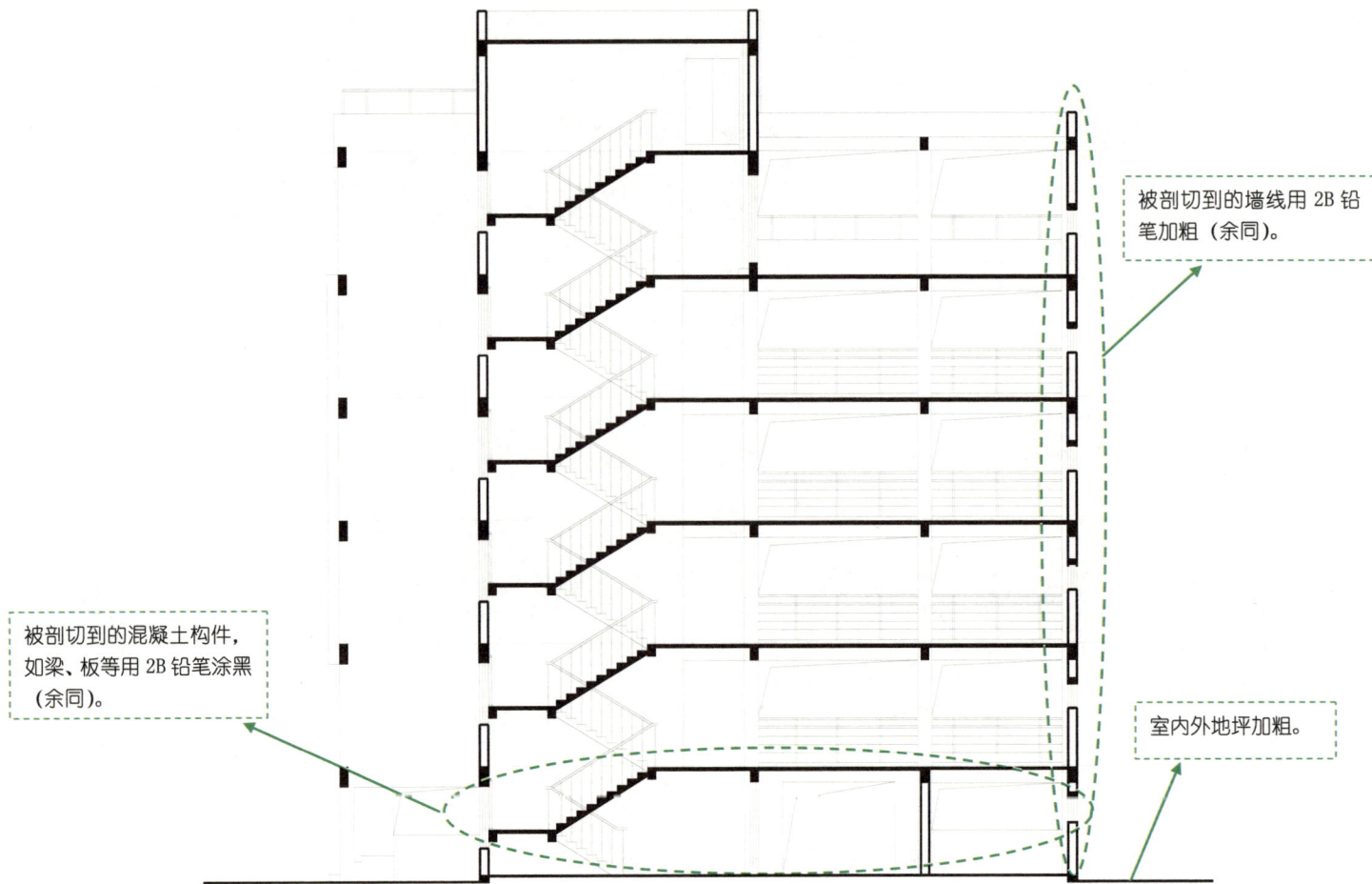

被剖切到的墙线用 2B 铅笔加粗（余同）。

被剖切到的混凝土构件，如梁、板等用 2B 铅笔涂黑（余同）。

室内外地坪加粗。

图 1-65　检查加深

第十步 注写标注与图名

1. 注写内部标注（如图1-66）

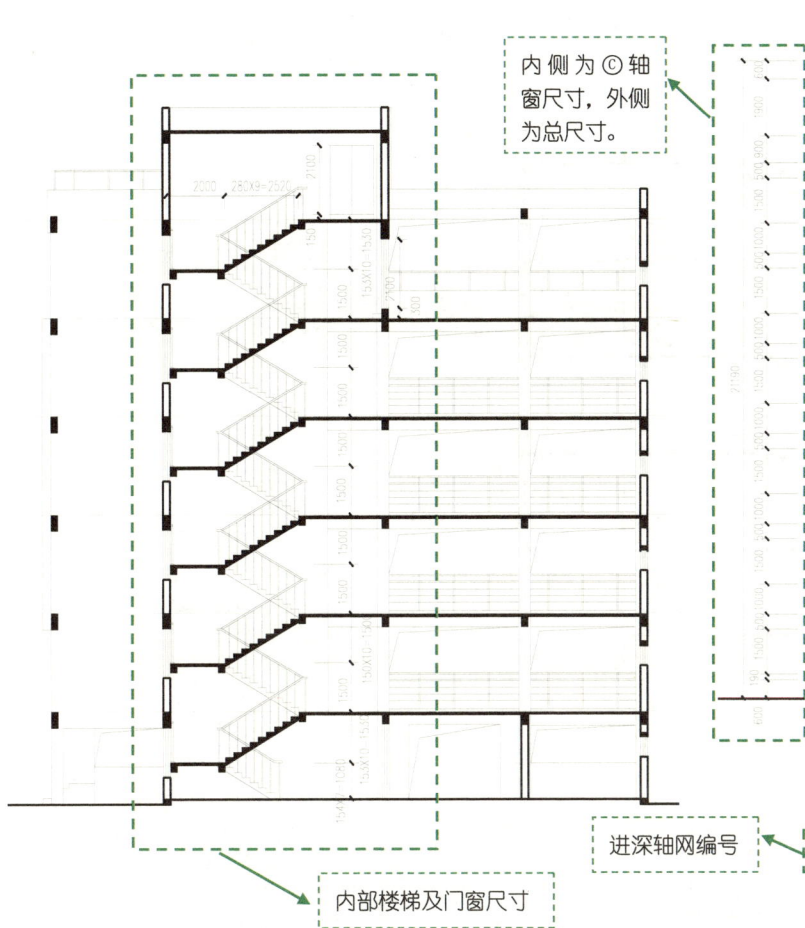

内侧为ⓒ轴窗尺寸，外侧为总尺寸。

内部楼梯及门窗尺寸

进深轴网编号

图 1-66 注写内部标注

2. 注写外部标注与轴号（如图1-67）

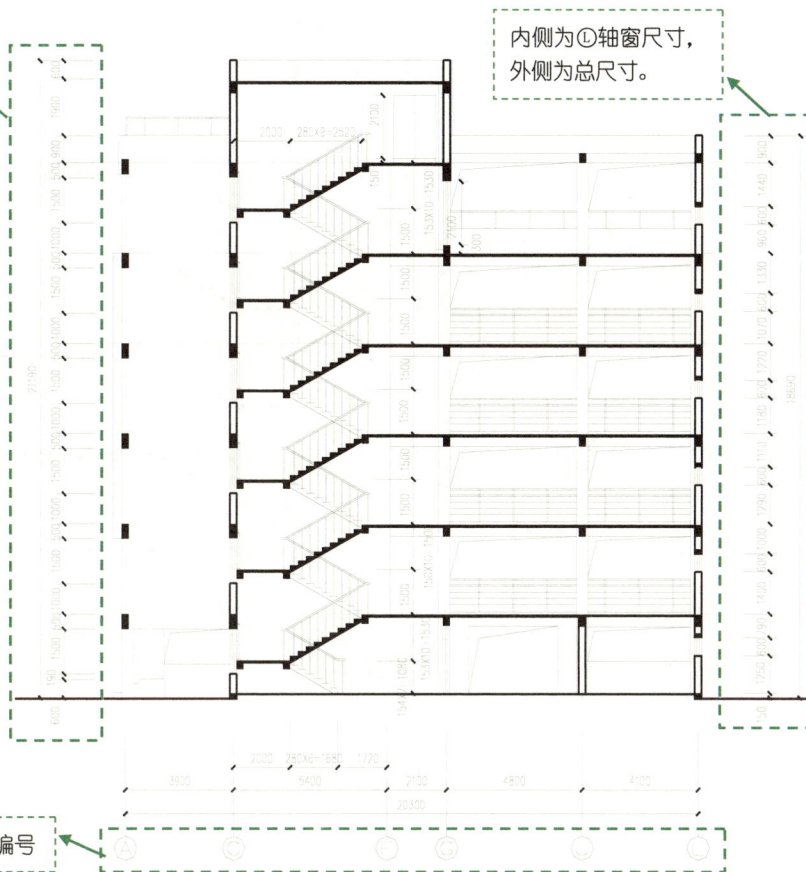

内侧为①轴窗尺寸，外侧为总尺寸。

图 1-67 注写外部标注与轴号

3. 注写标高与图名（如图1-68）

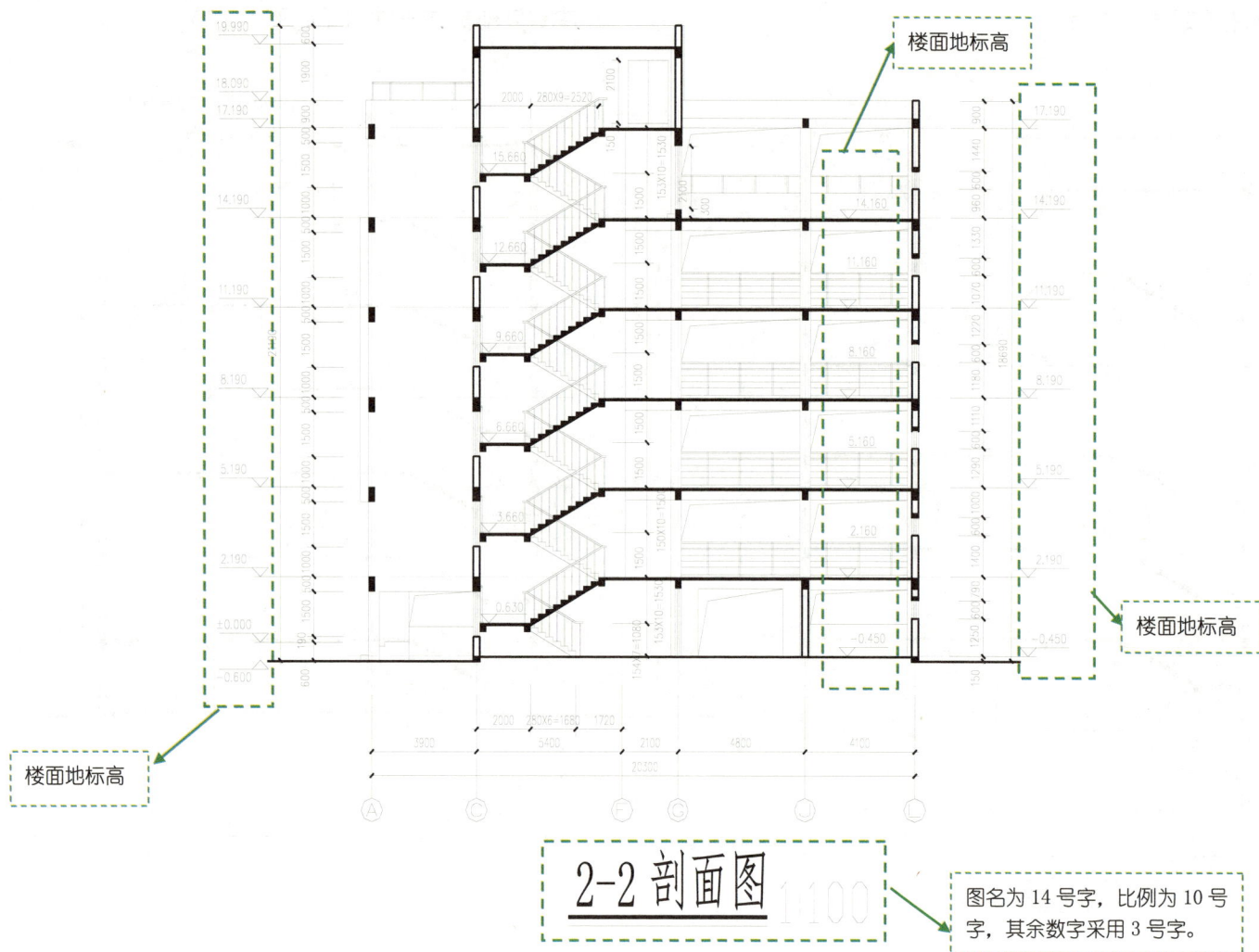

楼面地标高

楼面地标高

楼面地标高

2-2 剖面图 1100

图名为14号字，比例为10号字，其余数字采用3号字。

图 1-68　注写标高与图名

第十一步　填写标题栏、清洁图面、保存图纸

　　请依照绘制 2-2 剖面图的流程，完成 1-1 剖面图的绘制任务。在绘制 1-1 剖面图时，可用干净的纸张覆盖住已完成的 2-2 剖面图，注意保持图纸整洁。最后完成标题栏的填写，擦去多余的线条，按照项目二的要求进行图纸保存，如图 1-69 所示。

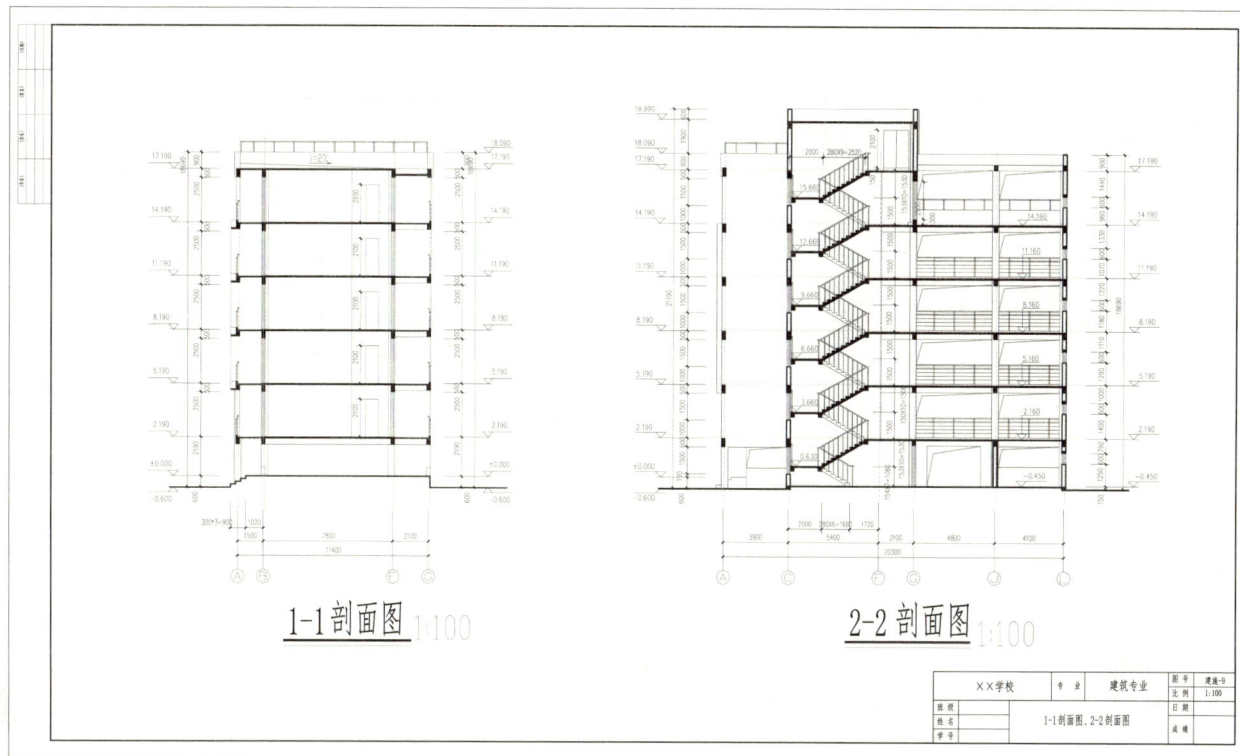

图 1-69　填写标题栏、清洁图面、保存图纸

评一评

根据下面的评价表（如表 1-8），来给这次任务打个分数吧！

表 1-8 评价表

序号	评价主体	考核内容及要求	分值	请在相应分值栏打钩			
1	学习组长	及时完成任务	10	10	8	6	4
2		在完成任务过程中，不打扰他人学习	5	5	4	3	2
3		能够积极与教师、同学沟通，弥补不足	5	5	4	3	2
4		有自我约束力，能静心绘图	5	5	4	3	2
5		能爱护绘图工具、绘图仪器等	10	10	8	6	4
6	教师	图面整洁、美观，比例正确	10	10	8	6	4
7		正确绘制墙线、门窗等构件	25	25	20	15	10
8		正确绘制楼梯	15	15	12	9	6
9		正确注写标高、尺寸标注、文字	10	10	8	6	4
10		按照要求规范操作	5	5	4	3	2
说明：每个单项有4个评分等级，分别以完全达到、达到、基本达到、不能达到为划分标准。如单项5分，则对应为5分、4分、3分、2分			总分				

比一比

剖面图绘制完成后，你可以与其他人比一比，看谁绘制的图更准确、整洁、美观。你可以和同学比，也可以和不认识的他或她比一比。请翻到附录"手工尺规制图案例3"。比拼一下，看看谁画得更好。

我们一起去完成下一个任务吧！绘制立面图！

第二章　CAD 绘制建筑施工图

☆项目五　绘制一层平面图

CAD 绘制 建筑一层平面图

一层平面图

一层平面
1:100

注: 卫生间标高比楼面低 20　走廊 阳台标高比楼面低 30

绘制要求：

1. 图样按照 1:1 绘制

2. 图层、图线：(除下列表 2-1 所示图层外，如有需要，可自建合适的图层，线型和线宽符合制图标准)

表 2-1 图层设置表

图层名	颜色	线型	线宽
图框	白色	Continuous	
轴线	红色	Center	
文字	白色	Continuous	基于粗线的线宽，按建筑制图统一标准 GB50104-2010 要求设置这些图层的线宽
墙	黄色	Continuous	
门窗	青色	Continuous	
散水	洋红	Continuous	
楼梯	黄色	Continuous	
标注	绿色	Continuous	

3. 字体：修改 Standard 字体样式设置，宽度因子 0.7，字体名 simplex.shx；新建中文字体样式，文字样式名为"中文样式"，字体采用仿宋，平面图引出说明文字可不注写。数字用默认字体样式名的样式。房间名称字高 3.5。

4. 比例：图形比例为 1:100。

5. 尺寸标注：图样上的尺寸，包括：尺寸界线、尺寸线、尺寸起止符号、尺寸数字。

注意：

(1) 半径、直径、角度与弧长的尺寸起止符号，宜用箭头表示，箭头大小为 2 mm。

(2) 新建标注样式，名称为尺寸标注，基线间距为 8，尺寸界线超出尺寸线 2，尺寸界线起点偏移量 2，箭头采用建筑标记，箭头大小 2，选用文字样式 Standard，文字颜色白色，高度为 3，文字从尺寸线偏移 1，文字与尺寸线对齐，调整选项文字始终保持在尺寸界线之间，文字位置，尺寸线上方，不加引线，

标注特征比例 100，全局比例 100，主单位 0。

(3) 一组平行的尺寸线，距图样轮廓不宜小于 8 mm，平行线间的间距宜为 8 mm。尺寸基线间距 8 mm，超出尺寸线 2 mm，文字从尺寸线偏移量 1 mm，文字应该始终保持在尺寸界线之间，与尺寸线对齐，保持尺寸与图形整体美观。

(4) 准确标注图上的尺寸三道标注，即总尺寸，开间尺寸，细部尺寸。个别尺寸标注拥挤，考生可自行调整一下位置(尺寸文字不能重叠)，不影响看图即可。

(5) 标注文字用 simplex.shx，白色，字高为 2.5mm。

(6) 标注特性比例使用全局比例 1：100。

7. 符号：

(1) 剖切符号：剖切位置线 (8mm)，投射方向线 (5mm)，线宽 0.5 粗实线绘制，单行文字，字高 3。

(2) 索引符号：圆直径 (d=10mm)。

(3) 标高符号：等腰直角三角形表示，三角形底边上高为 3mm，用细实线绘制，单行文字，字高 3。

(4) 定位轴线：显示线型，端部圆圈用细实线，直径 8mm，轴网编号字高 4mm。

(5) 上楼方向箭头：长 400，尾部宽 80，字高 3.5。

8. 图框及标题栏：尺寸在图纸模型空间放大 100 倍。

(1) 幅面线随层 ByLayer，图框线线宽 1mm，图宽线距离幅面线上边 5mm，下边 5mm，左边 25mm，右边 5mm，标题栏外框线 0.7mm，标题栏分格线 0.35mm。

(2) 标题栏文字录入，字高 5，对正方式正中，汉字选用中文样式，阿拉伯数字采用 Standard 字体样式。

绘制步骤： 平面图绘制流程图

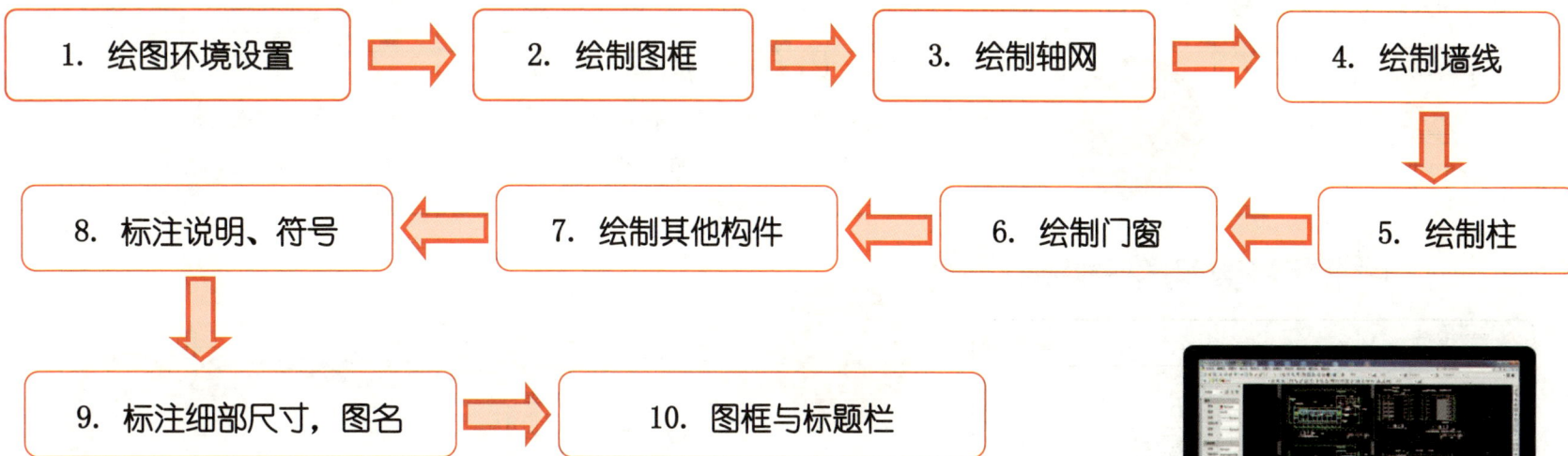

| 1. 绘图环境设置 | → | 2. 绘制图框 | → | 3. 绘制轴网 | → | 4. 绘制墙线 |

| 8. 标注说明、符号 | ← | 7. 绘制其他构件 | ← | 6. 绘制门窗 | ← | 5. 绘制柱 |

| 9. 标注细部尺寸，图名 | → | 10. 图框与标题栏 |

CAD 是什么？

计算机辅助设计(CAD-Computer Aided Design)指利用计算机及其图形设备帮助设计人员进行设计工作。

在设计中通常要用计算机对不同方案进行大量的计算、分析和比较，以决定最优方案；各种设计信息，不论是数字、文字或图形，都能存放在计算机的内存或外存里，并能快速地检索；设计人员通常用草图开始设计，将草图变为工作图的繁重工作可以交给计算机完成；由计算机自动产生的设计结果，可以快速作出图形，使设计人员及时对设计作出判断和修改；利用计算机可以进行与图形的编辑、放大、缩小、平移、复制和旋转等有关的图形数据加工工作。

第一步 绘图环境设置

设置"图形单位"

Step 1

输入命令 UN

UN

📷 UN (UNITS)

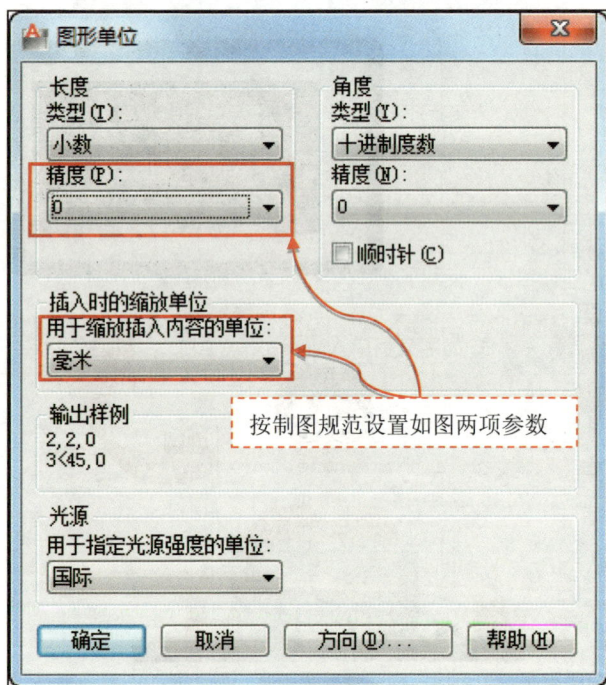

图形单位是什么?

创建的所有对象都是根据图形单位进行测量的。开始绘图前,必须基于要绘制的图形确定一个图形单位代表的实际大小。然后据此约定创建实际大小的图形。

Step 2

输入命令 LA

LA

📷 LA (LAYER)

P62-设置图层

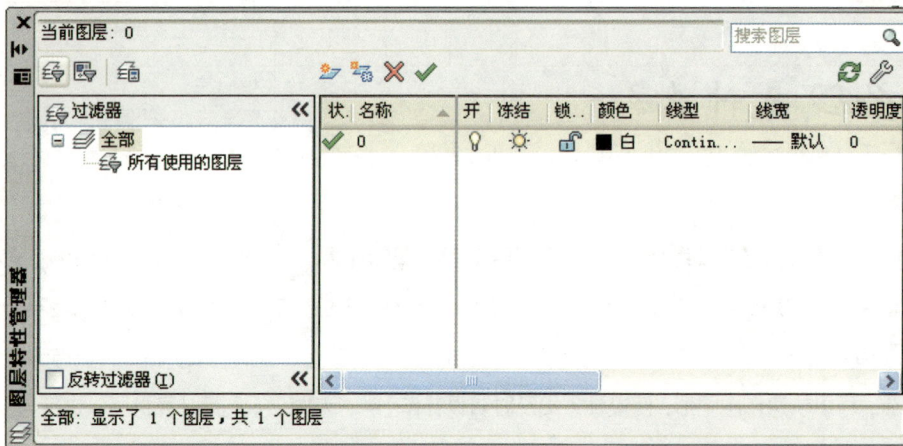

做一做

按以下流程图所示，新建图层并命名。

设置图层名称

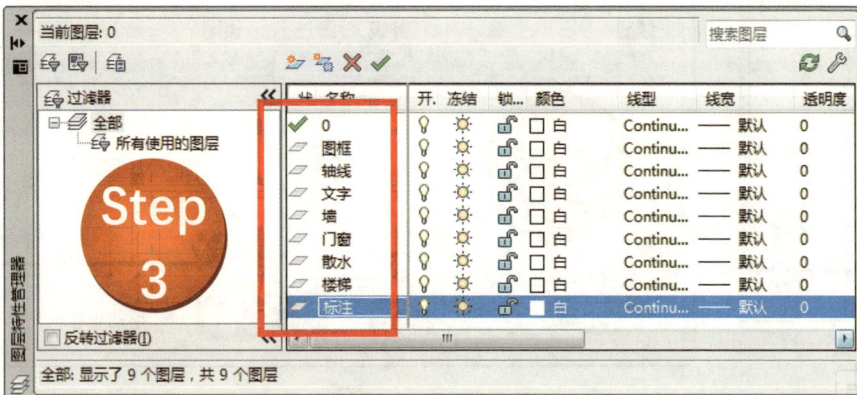

图层是什么？

图层就像透明的覆盖层，用户可以在上面对图形中的对象进行组织和编组。

合理利用图层，可以事半功倍。每层有自己的专门用途，图层有利于电子图的编辑，根据建筑平面图的要求，通常我们可以设置 7—9 个图层。

技巧一

在命名完新建图层名称后直接回车键可以快速新建下一个图层，无须重复点选"新建图层"按钮。

注意

1. 不同的图层一般来说要用不同的颜色以便于画图时就能较明显的区分相关图层；

2. 图层颜色的选择应该根据打印时线宽的粗细来选择。

想一想

为什么线型设置越宽的图层就应该选用越亮的颜色。反之，则选择较暗的颜色？

因为这样可以在黑色屏幕上反映出图纸的层次。

设置图层颜色

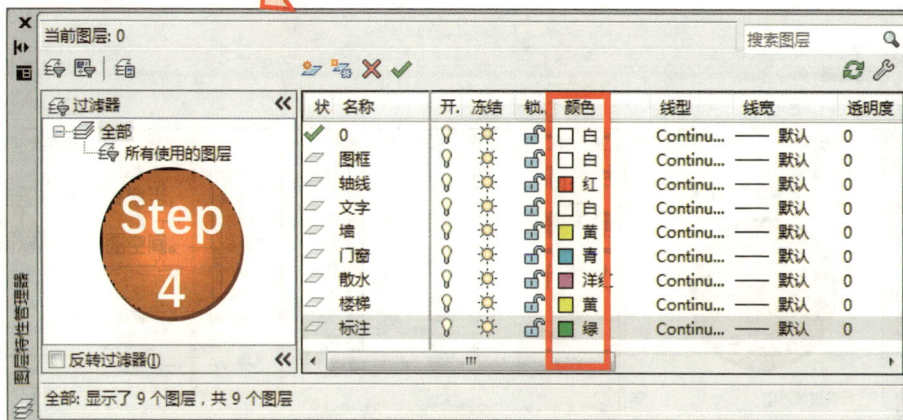

设置图层线型

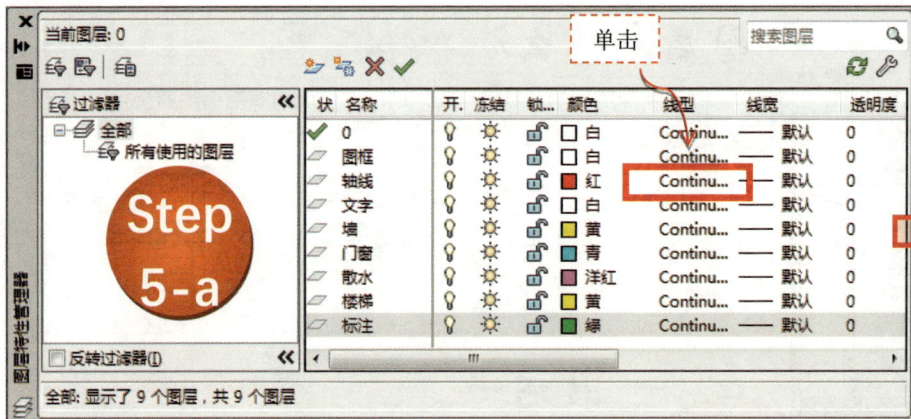

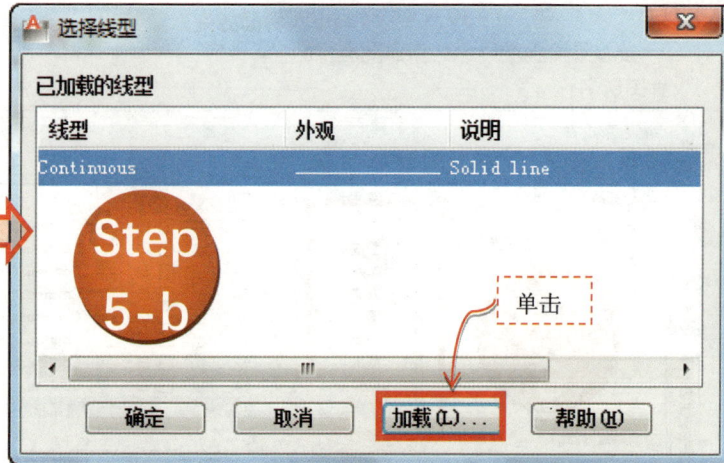

做一做

按照图示顺序设置"轴线"的线型为单点长划线"CENTER"。

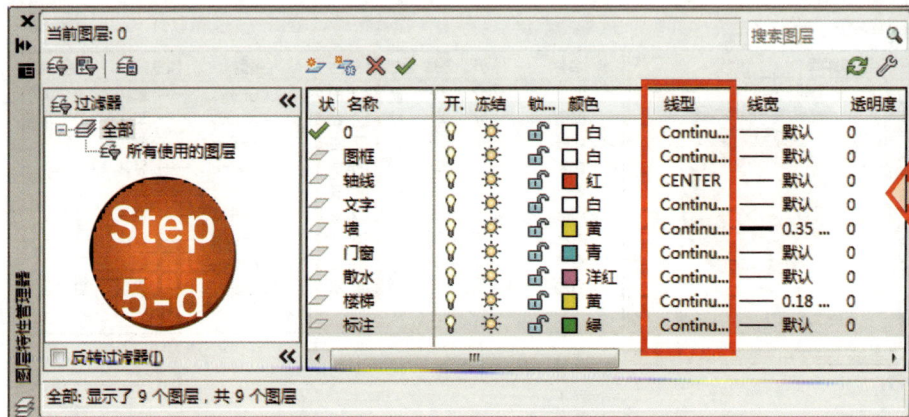

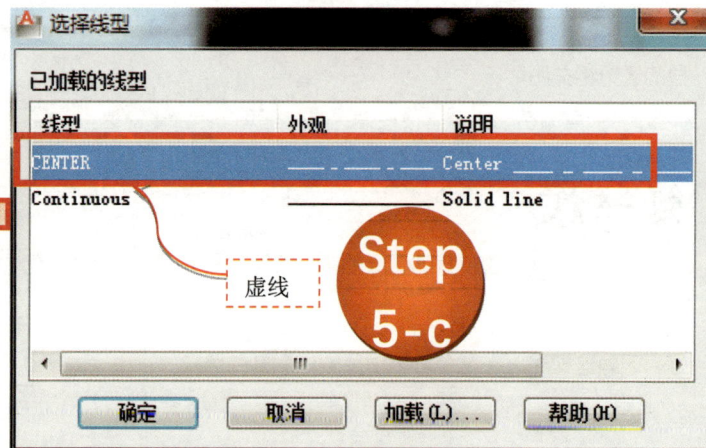

线宽

一张图纸看过去是否层次清晰，其中一条重要的因素，就是合理的线宽设置。按照图纸选用线宽组设置对应图层线宽。

设置图层线宽

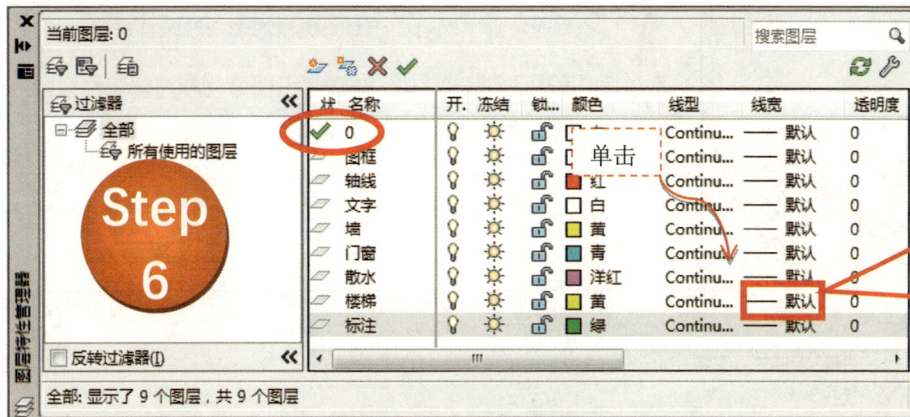

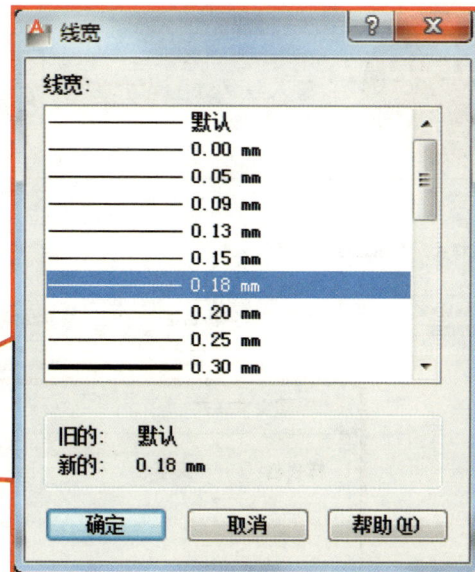

线宽：

- 默认
- 0.00 mm
- 0.05 mm
- 0.09 mm
- 0.13 mm
- 0.15 mm
- 0.18 mm
- 0.20 mm
- 0.25 mm
- 0.30 mm

旧的： 默认
新的： 0.18 mm

确定　取消　帮助(H)

关于 0 层

1. CAD 中 0 层是系统默认图层，不能改名和删除，但可以更改其特性。在 0 层创建的块文件，具有随层属性（即：在哪个图层插入该块，该块就具有插入层的属性）。

2. 0 层不用于绘图，若将图都画在 0 层上，容易导致图层混乱，不利于分层管理。

注意

同张图纸中采用相同的线宽组，定粗线宽度为 b，则中线宽 0.5b，细线宽 0.25b。

想一想

图层是不是越多越好？为什么？

设置文字样式

Step 7

输入命令 ST ➡ ST
ST (STYLE)

设置文字样式

绘制建筑施工图时，中文字体需要满足制图规范要求的"长仿宋字体"，而在软件字体列表中并未设置"长仿宋体"。因此，我们选择"仿宋"字体，并将字体宽度因子设置为 0.7，这样就满足了长仿宋字体的高宽比要求。

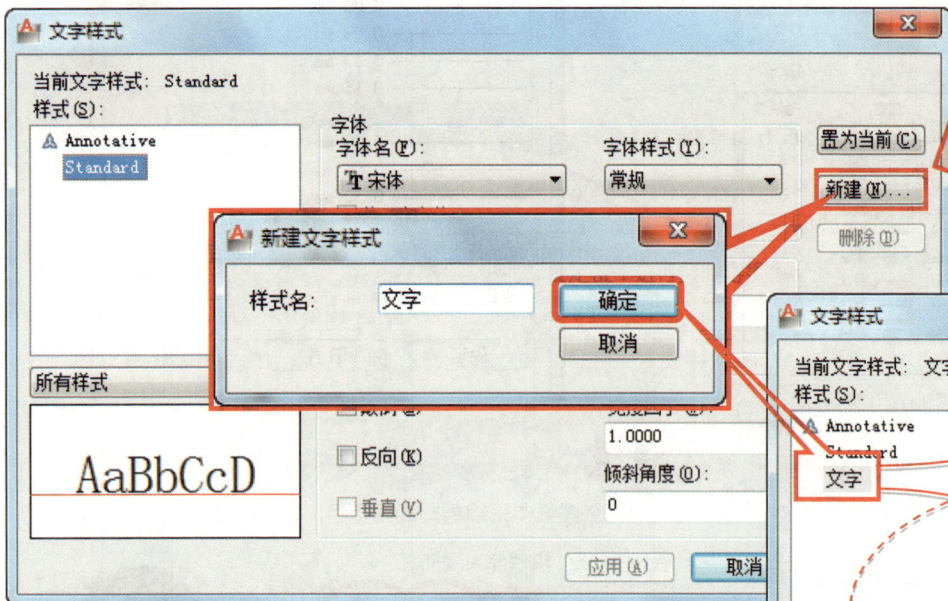

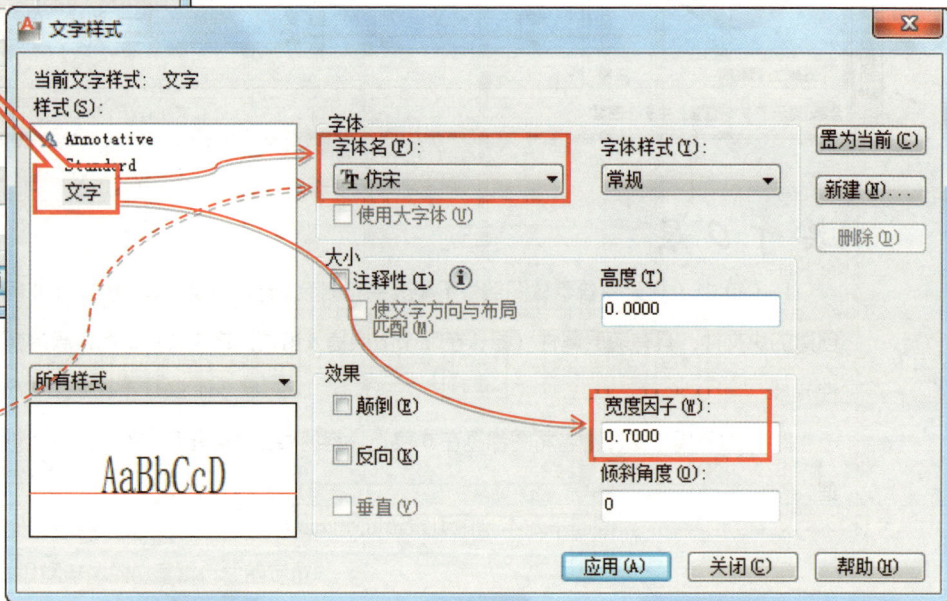

文字样式

当前文字样式：Standard
样式(S)：
Annotative
Standard

字体
字体名(F)：宋体
字体样式(Y)：常规

置为当前(C)
新建(N)...
删除(D)

所有样式

AaBbCcD

新建文字样式
样式名：文字
确定
取消

宽度因子：1.0000
反向(K)
垂直(V)
倾斜角度(O)：0

应用(A) 取消

数字样式

在建筑施工图中除了文字，还不可缺少数字注写，因此，用同样的办法设置数字样式，其中"字体名"选择为 simplex.shx，其余参数同文字样式。

文字样式

当前文字样式：文字
样式(S)：
Annotative
Standard
文字

字体
字体名(F)：仿宋
字体样式(Y)：常规
使用大字体(U)

大小
注释性(I)
使文字方向与布局匹配(M)
高度(T)：0.0000

所有样式

AaBbCcD

效果
颠倒(E)
反向(K)
垂直(V)

宽度因子(W)：0.7000
倾斜角度(O)：0

应用(A) 关闭(C) 帮助(H)

设置标注样式

输入命令 D

D

D (DIMSTYLE)

Step 8

标注样式管理器

当前标注样式: ISO-25

样式(S):

预览: ISO-25

A Annotative
ISO-25
Standard

14, 11

16, 6

置为当前(U)

新建(N)...

修改(M)...

新建标注样式: 平面图

线 | 符号和箭头 | 文字 | 调整 | 主单位 | 换算单位 | 公差

尺寸线

颜色(C): ByBlock

线型(L): ByBlock

线宽(G): ByBlock

超出标记(N): 0

基线间距(A): 8

隐藏: ☐尺寸线 1(M)　☐尺寸线 2(D)

14, 11

16, 6

80°

R11, 17

28, 17

尺寸线间距一般 8~10

尺寸界线

颜色(R): ByBlock

尺寸界线 1 的线型(I): ByBlock

尺寸界线 2 的线型(T): ByBlock

线宽(W): ByBlock

隐藏: ☐尺寸界线 1(1)　☐尺寸界线 2(2)

超出尺寸线(X): 2

起点偏移量(F): 2

☐固定长度的尺寸界线(O)

长度(E): 1

确定　　取消　　帮助(H)

创建新标注样式

新样式名(N):

平面图

基础样式(S):

ISO-25

☐注释性(A) ⓘ

用于(U):

所有标注

继续

取消

帮助(H)

尺寸界线超出尺寸线 2~3。

尺寸界线距图样轮廓线 2~3。

设置标注样式

　　尺寸标注作为工程图样的一个重要组成部分,必须符合规范性要求。一个完整的尺寸标注主要由标注文字、尺寸线、尺寸箭头、尺寸界线组成,标注的尺寸要满足完整性和规范性,需要通过标注样式的设置才能实现。

设置符号和箭头

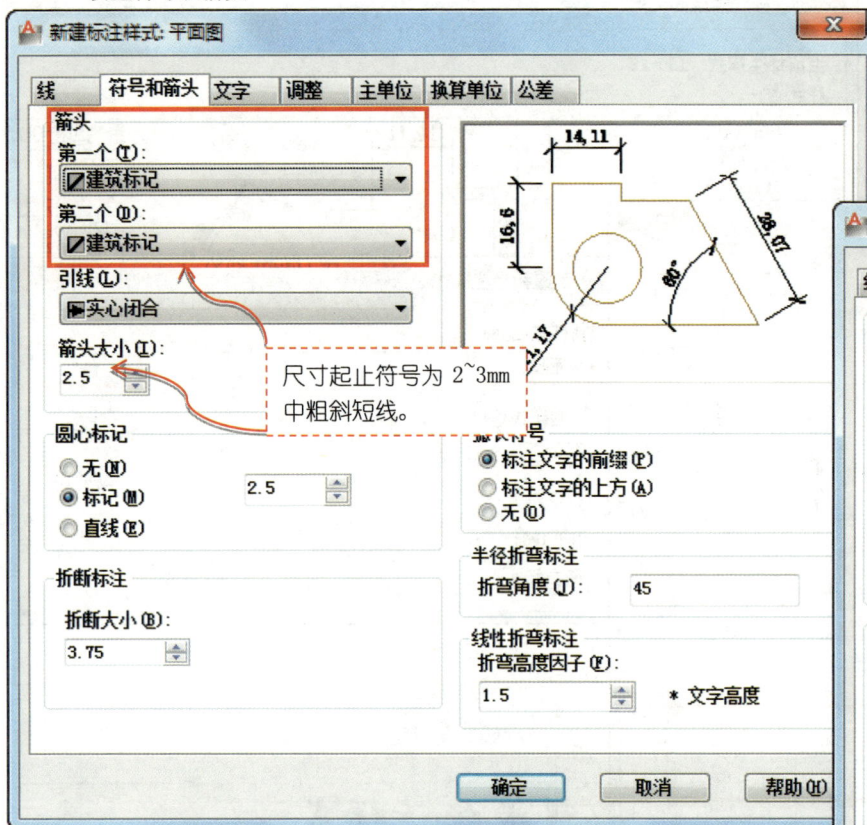

设置文字

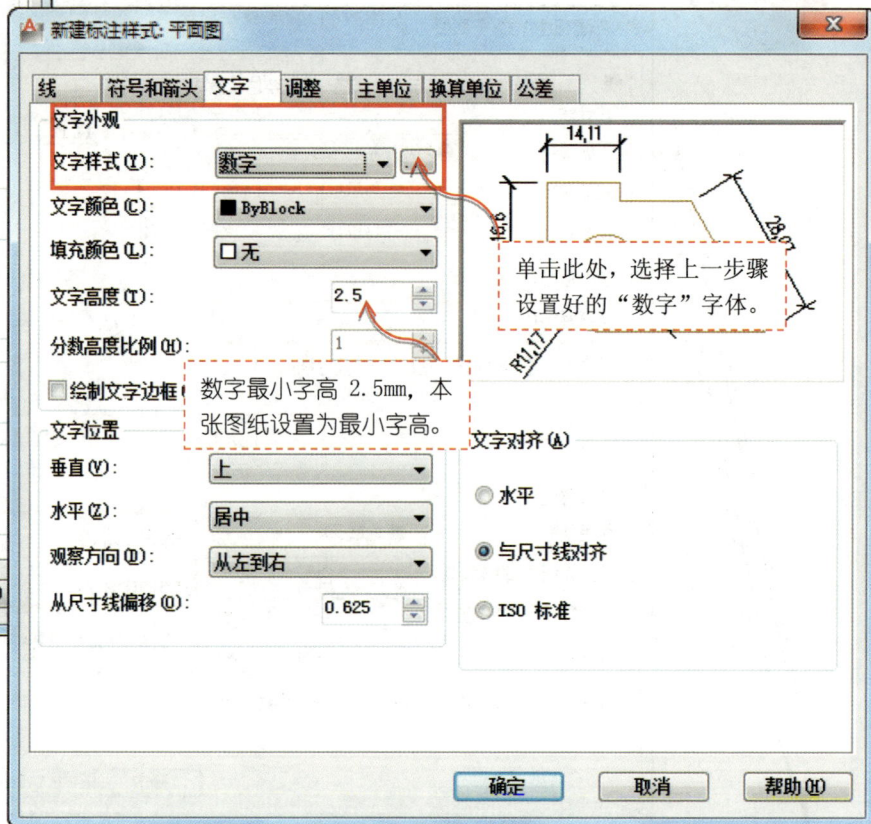

设置调整

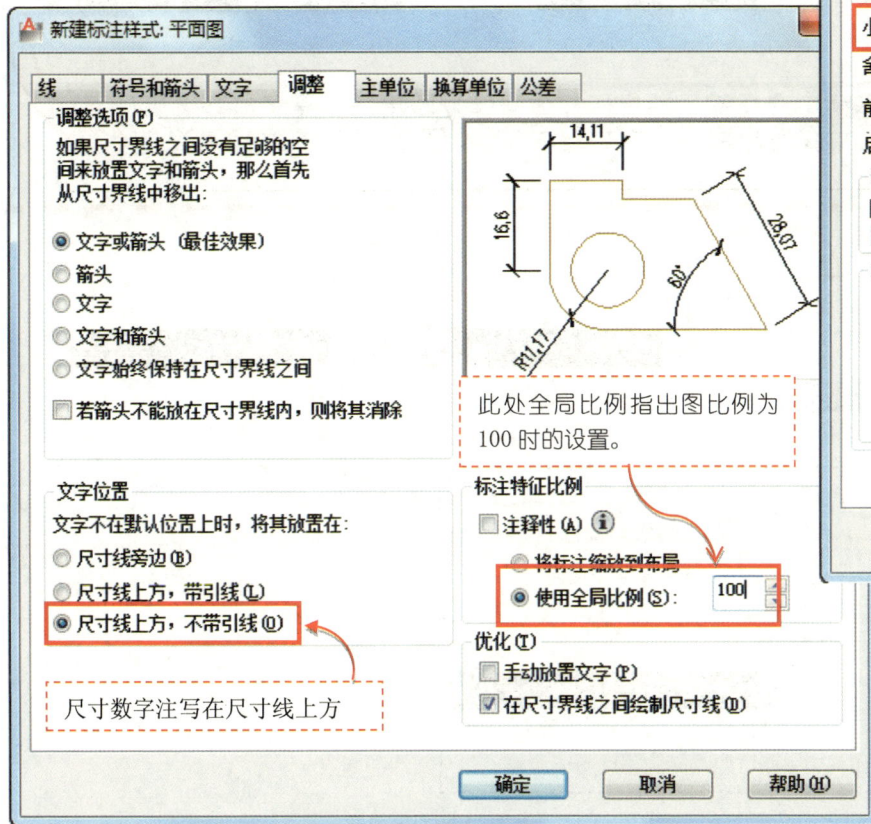

设置主单位

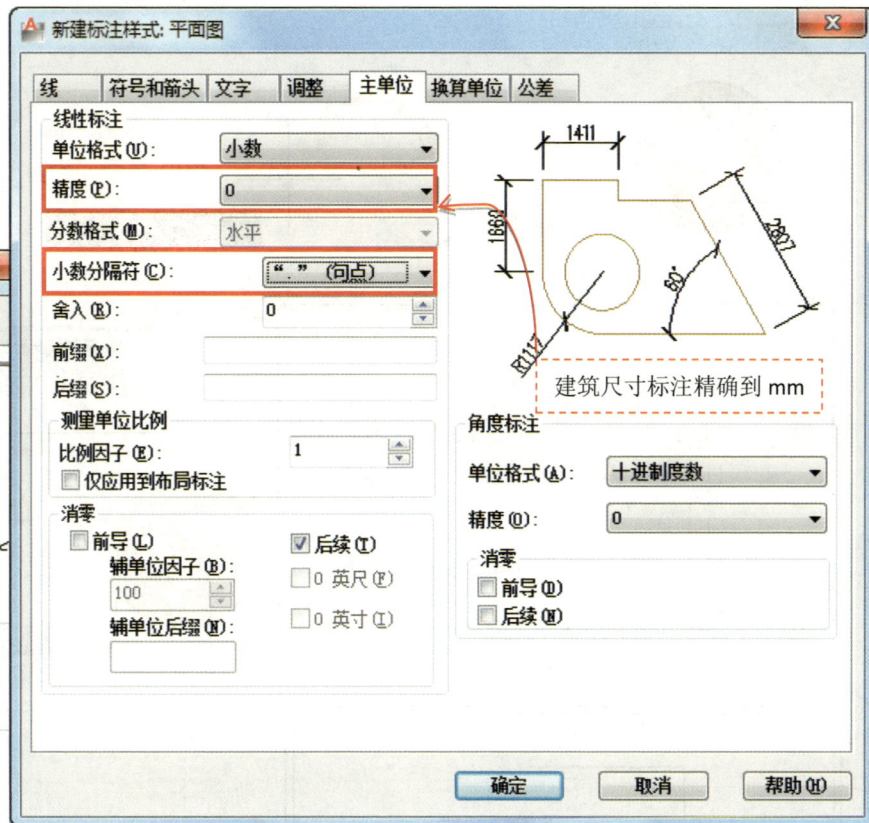

第二步 绘制图框

Step 1

绘制图幅线
输入矩形命令

REC
⬚ REC (RECTANG)

回车

选点

绘图区域内任意位置单击

指定第一个角点或 ⊞

指定另一个角点或 ⊞ ⊡

坐标

输入坐标 743,420 后确定

指定另一个角点或 ⊞ 743 🔒 420

默认动态输入为"相对坐标"

结果

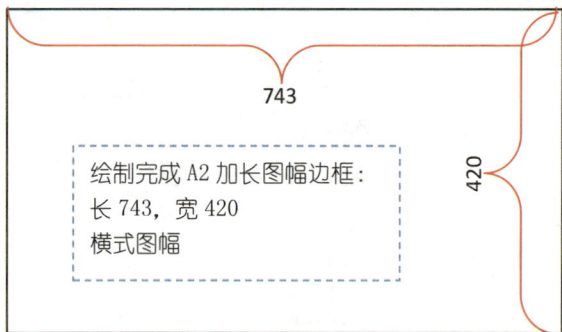

743
420

绘制完成 A2 加长图幅边框:
长 743,宽 420
横式图幅

指定第一个角点或 [倒角(C)/标高(E)/圆角(F)/厚度(T)/宽度(W)]:
指定另一个角点或 [面积(A)/尺寸(D)/旋转(R)]: @743,420
命令:

Step 2

输入偏移命令

O
⬚ O (OFFSET)

回车

输入

指定偏移距离或 ⊞ 10

选择要偏移的对象,或 ⊞

输入偏移距离 10 确定

绘制图框线

对象

在选定偏移对象框内单击,指定向框内偏移

选择图幅框为对象并确定

结果

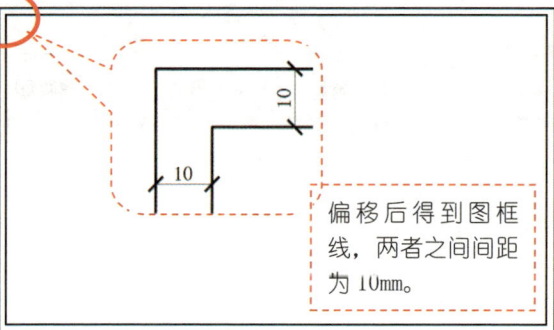

10
10

偏移后得到图框线,两者之间间距为 10mm。

指定要偏移的那一侧上的点,或 ⊞

-绘制图框装订边

Step 3

输入拉伸命令

S

S (STRETCH)

第二点

选择

距离

极轴方向线

指定第二个点或 <使用第一个点作为位移>: 15

输入第二点延极轴方向距第一点的距离

结果

25

注意

在原有间距 10mm 的基础上，偏移 15mm 之后得到装订边间距 25mm，该间距为固定值，任何尺寸图幅的装订边间距都一样，方便在图纸成册装订时统一。

指定基点或

在绘图区域任意空白位置点选拉伸基点。

注意

在拉伸命令中选择拉伸对象时，必须从右往左框选对象整个拉伸端。只有在视窗中选择框内的对象端才会被拉伸。

指定基点

第一点

试一试

在使用拉伸命令时，先选中拉伸对象一端再输入命令的效果会是怎样的呢？

	专 业		图 号	
			比 例	
班 级			日 期	
姓 名				
学 号			成 绩	

绘制标题栏和会签栏

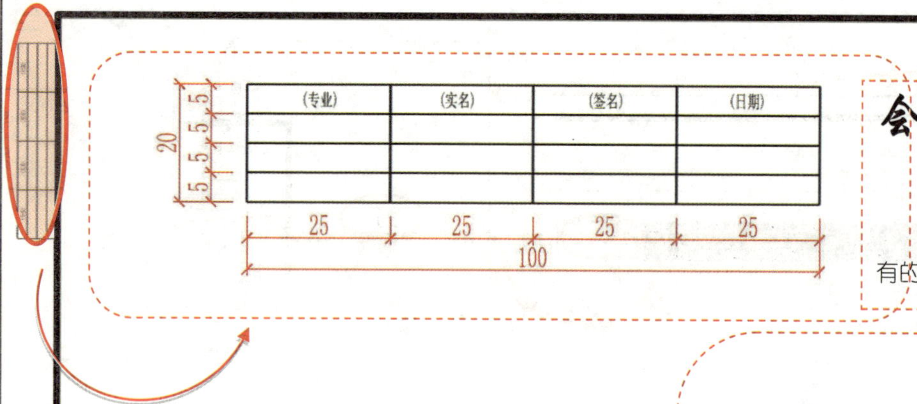

(专业)	(实名)	(签名)	(日期)

20 = 5 + 5 + 5 + 5

25　25　25　25
100

会签栏

利用定数等分、定距等分等命令完成会签栏的绘制。

会签栏通常包含专业、实名、签名和日期等栏目，不是所有的图纸都需要会签栏。

标题栏

利用直线和多行文字等命令完成如图所示的标题栏。

标题栏根据图纸用途的不同可以由制图单位划分内容区域，但一般均应包含，图名、比例、图纸编号、专业等图样信息。

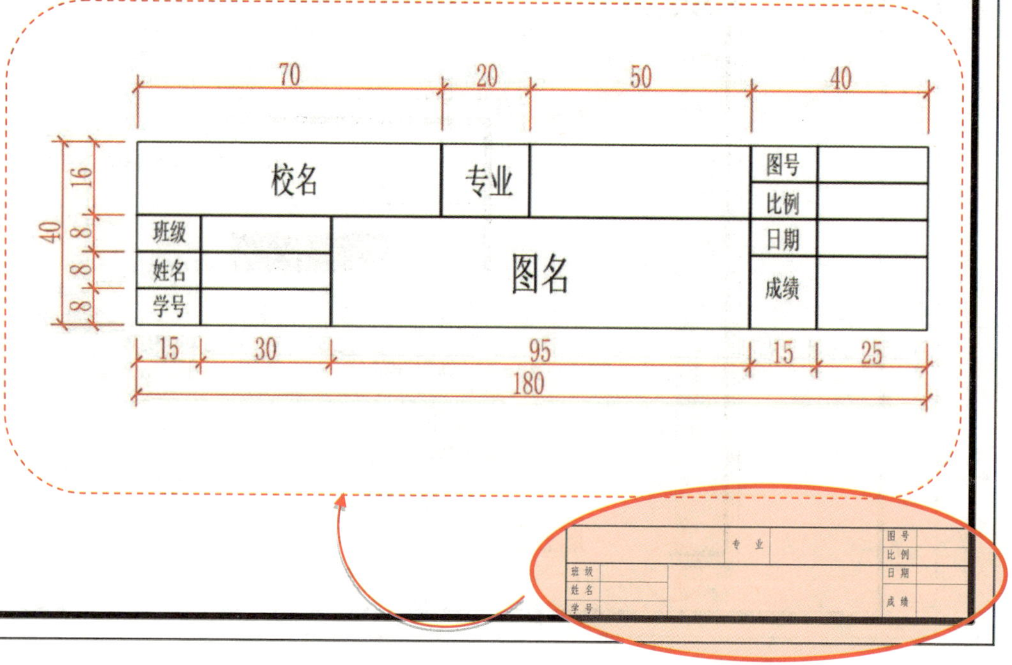

70　20　50　40

40 = 16 + 8 + 8 + 8

校名		专业		图号	
班级				比例	
姓名		图名		日期	
学号				成绩	

15　30　95　15　25
180

Step 4

第三步 绘制轴网

绘制轴网流程 1

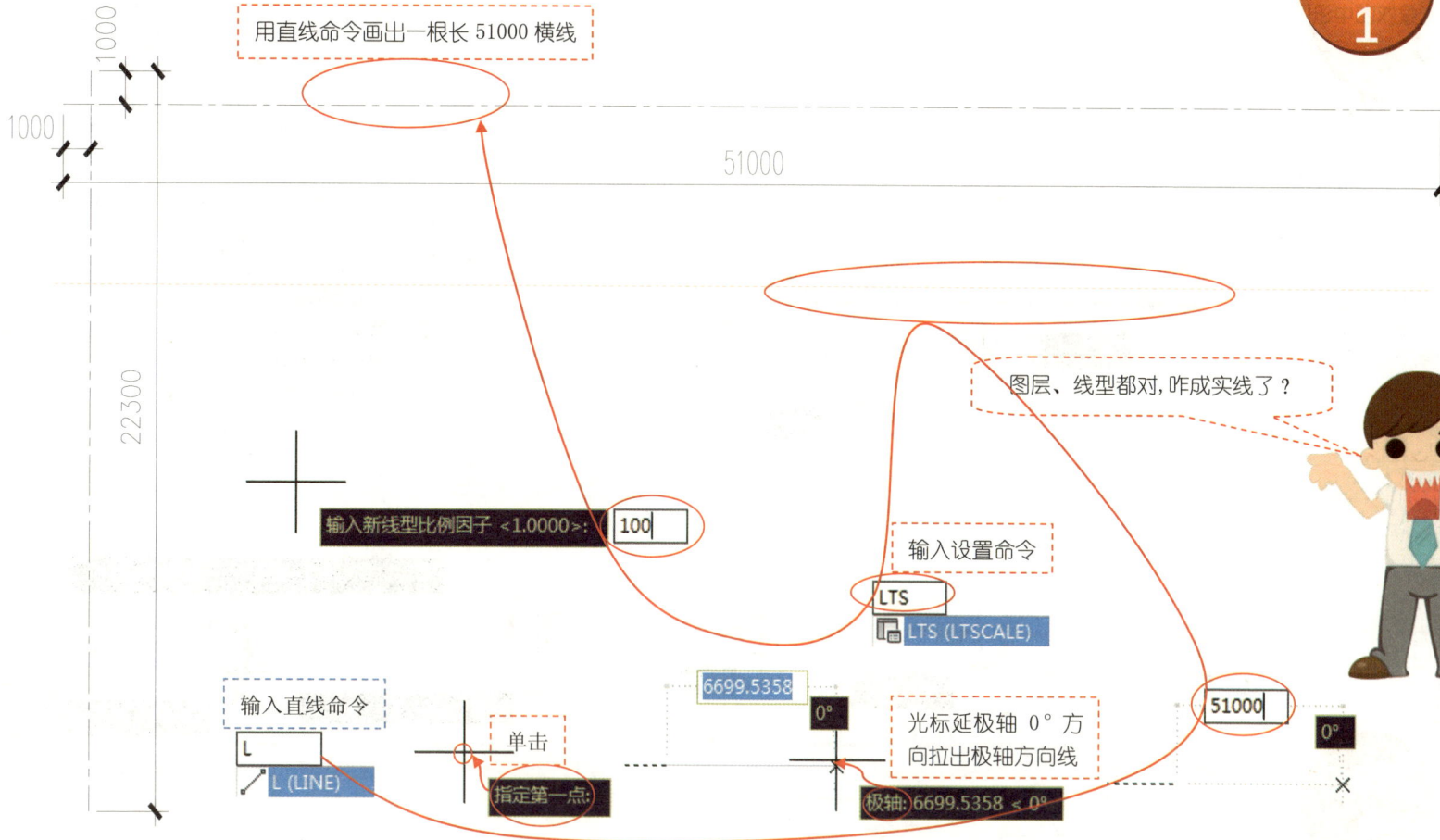

用直线命令画出一根长 51000 横线

图层、线型都对,咋成实线了？

输入新线型比例因子 <1.0000>: 100

输入设置命令

LTS

LTS (LTSCALE)

输入直线命令

L

L (LINE)

单击

指定第一点:

6699.5358

0°

光标延极轴 0° 方向拉出极轴方向线

(极轴)6699.5358 < 0°

51000

0°

绘制轴网流程 2

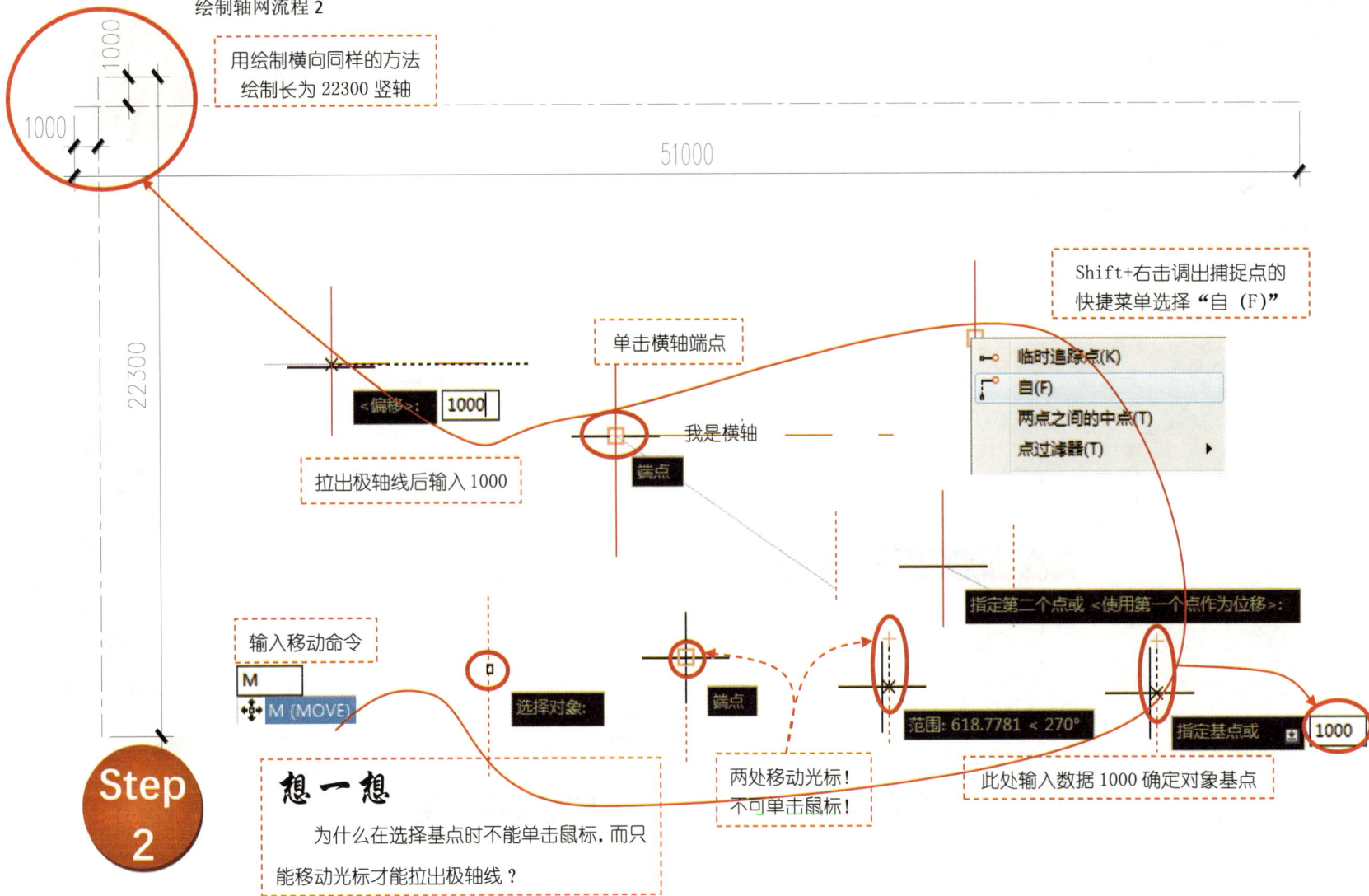

用绘制横向同样的方法
绘制长为 22300 竖轴

1000

1000

1000

22300

51000

Shift+右击调出捕捉点的
快捷菜单选择"自 (F)"

单击横轴端点

<偏移>: 1000

拉出极轴线后输入 1000

我是横轴

端点

临时追踪点(K)
自(F)
两点之间的中点(T)
点过滤器(T)

指定第二个点或 <使用第一个点作为位移>:

输入移动命令

M

M (MOVE)

选择对象:

端点

范围: 618.7781 < 270°

指定基点或

1000

Step
2

想一想

为什么在选择基点时不能单击鼠标, 而只
能移动光标才能拉出极轴线?

两处移动光标!
不可单击鼠标!

此处输入数据 1000 确定对象基点

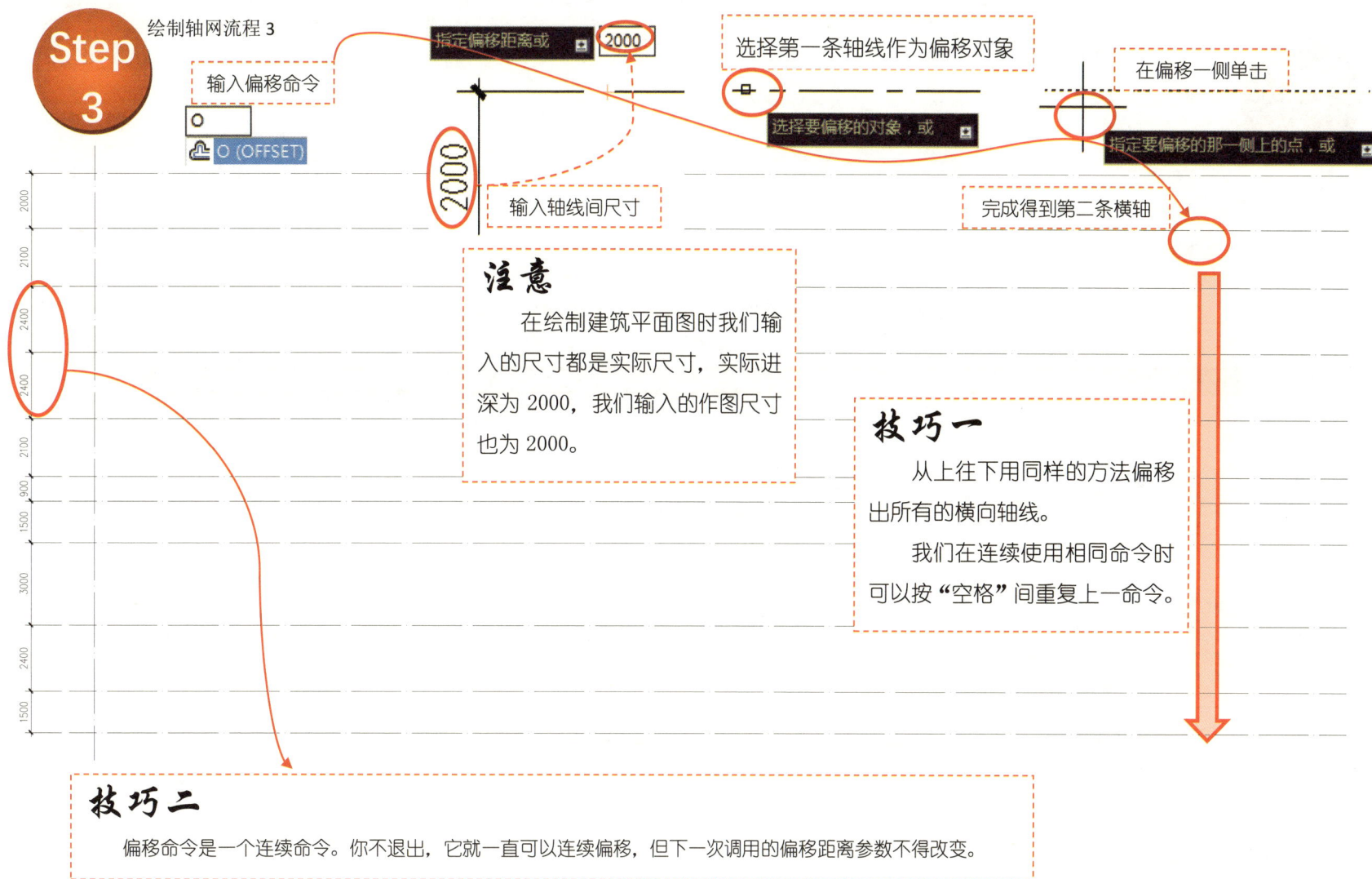

Step 3

绘制轴网流程 3

输入偏移命令

O
O (OFFSET)

指定偏移距离或 **2000**

选择第一条轴线作为偏移对象

在偏移一侧单击

2000

选择要偏移的对象，或

指定要偏移的那一侧上的点，或

2000

输入轴线间尺寸

完成得到第二条横轴

注意

在绘制建筑平面图时我们输入的尺寸都是实际尺寸，实际进深为 2000，我们输入的作图尺寸也为 2000。

技巧一

从上往下用同样的方法偏移出所有的横向轴线。

我们在连续使用相同命令时可以按"空格"间重复上一命令。

技巧二

偏移命令是一个连续命令。你不退出，它就一直可以连续偏移，但下一次调用的偏移距离参数不得改变。

绘制轴网流程 4

Step 4

从左往右可以用偏移命令完成所有纵向轴线

3800 3800 3800 3800 3800 3800 3800 3800 3800 3800 3800 3800 3800

技巧

若多个间距都是相同的情况下，我们可以使用阵列命令，这样不管几个对象都可用一个命令完成。

绘制轴网流程 5

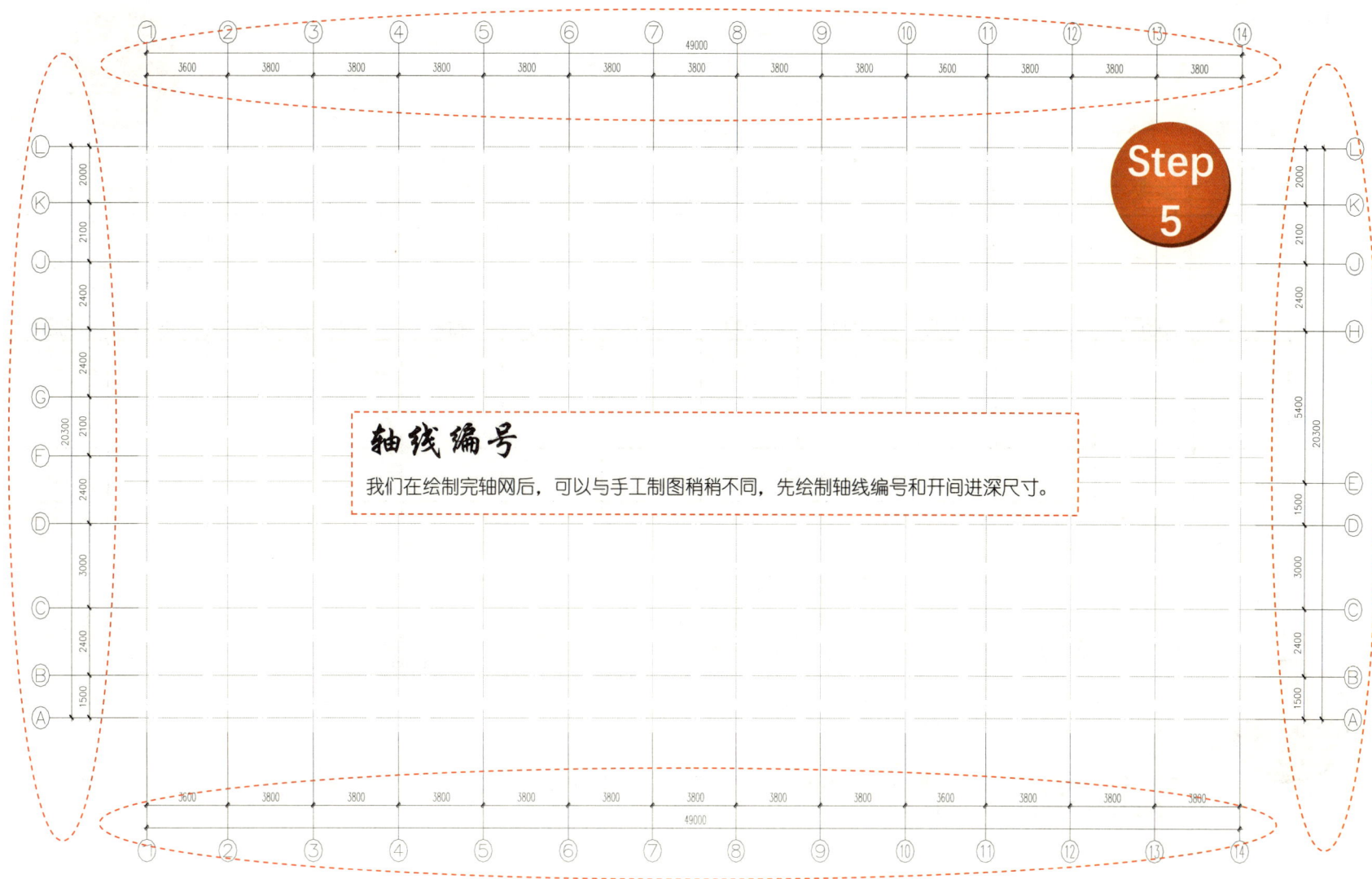

Step 5

轴线编号

我们在绘制完轴网后，可以与手工制图稍稍不同，先绘制轴线编号和开间进深尺寸。

标注开间进深

利用快速标注命令完成开间进深尺寸的标注。

想一想

为什么我们在绘制完轴网后不绘制图样先对它进行尺寸注写？

输入快速标注命令

QDIM

Step 5-a

绘制轴网流程 5-a 和 5-b

| 3600 | 3800 | 3800 | 3800 | 3800 | 3800 | 3800 | 3800 | 3800 | 3600 | 3800 | 3800 | 3800 |

1000

Step 5-b

圆心 ①

800

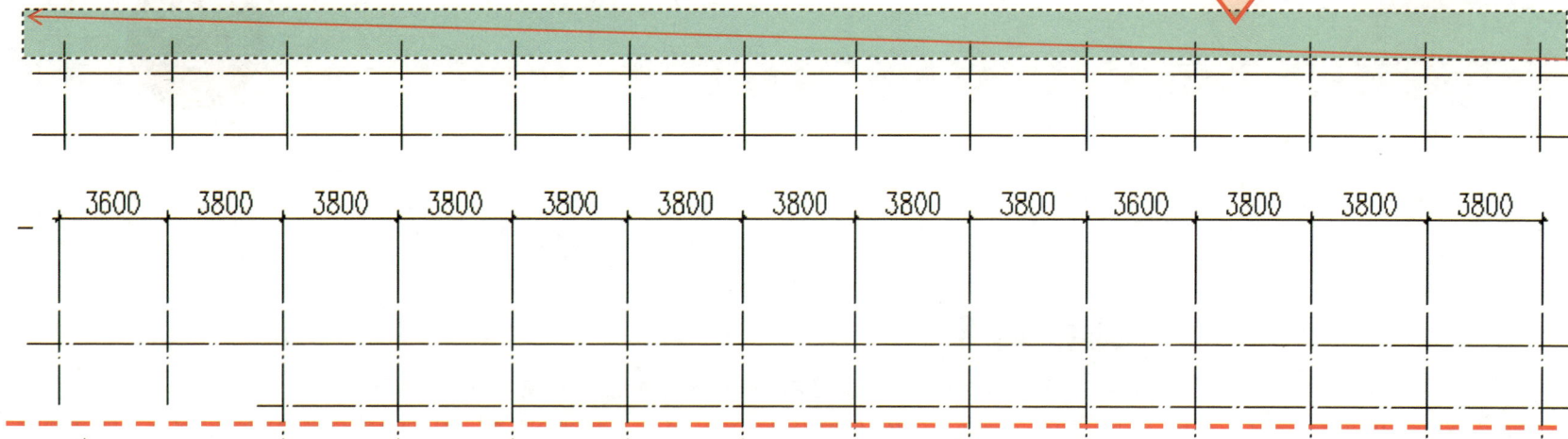

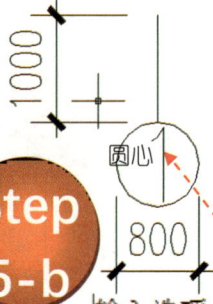

输入单行文字命令

DT

A DT (TEXT)

绘制轴线编号

用直线、圆和单行文字等命令绘制轴线编号。

指定文字的起点或 [对正(J)/样式(S)]：J

注意

文字可以分为单行文字和多行文字，单行文字每行为一个对象，而多行文字为一个整体对象。

我们在简单文字输入时采用单行文字方便文字基点的指定。

输入选项 [对齐(A)/布满(F)/居中(C)/中间(M)/右对齐(R)/左上(TL)/中上(TC)/右上(TR)/左中(ML)/正中(MC)/右中(MR)/左下(BL)/中下(BC)/右下(BR)]：

第四步 绘制墙线

绘制墙

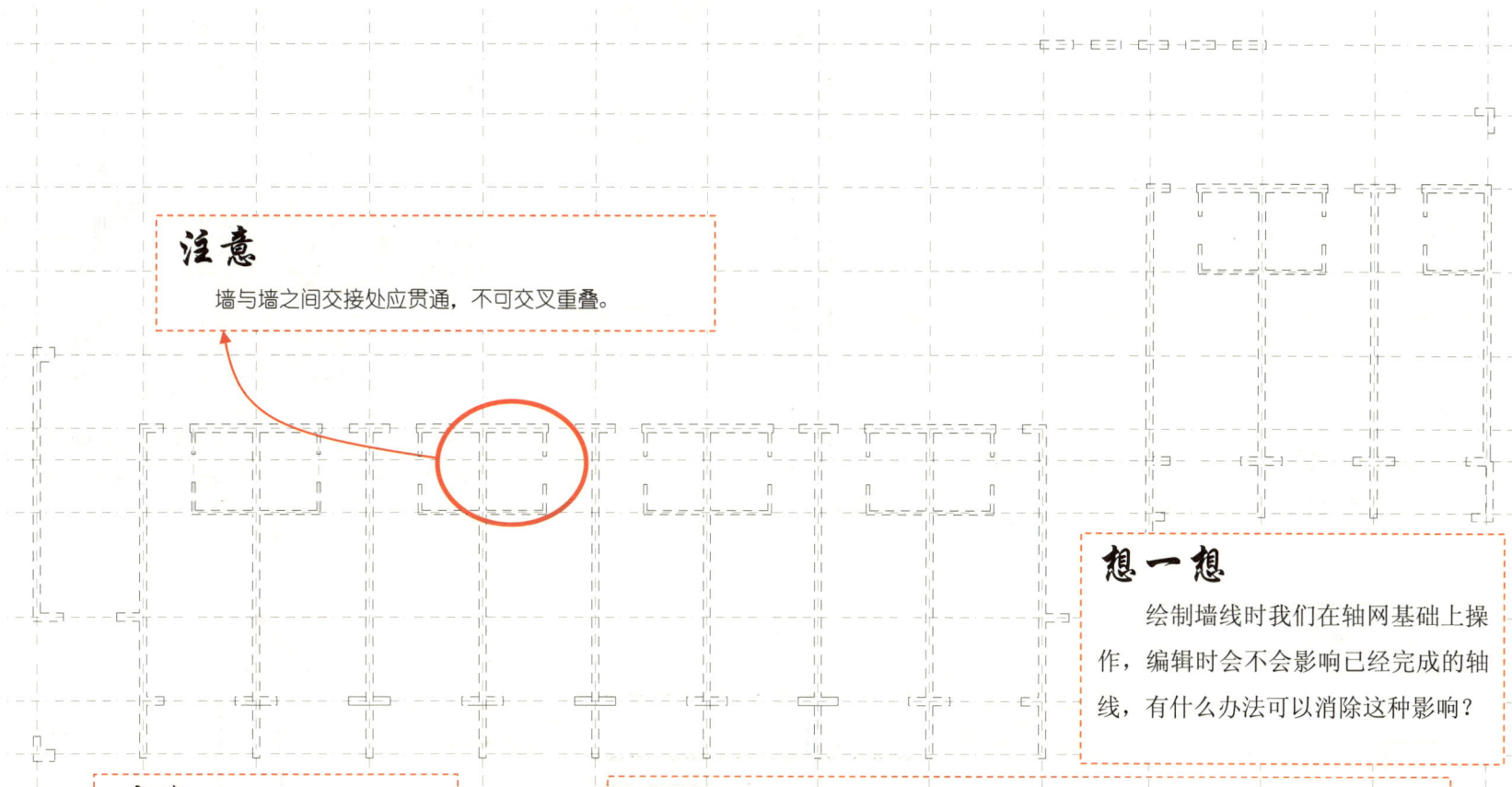

注意

墙与墙之间交接处应贯通，不可交叉重叠。

想一想

绘制墙线时我们在轴网基础上操作，编辑时会不会影响已经完成的轴线，有什么办法可以消除这种影响？

墙线

利用多线命令绘制墙线，注意门窗洞口的位置和尺寸。

技巧

因墙线在平面图中都以两条平行线的形式绘制，因此，我们可以利用软件中的多线命令，一次绘出相互平行了两条墙线，提高绘图的速度。

多线设置

命令: ML MLINE

当前设置: 对正 = 上，比例 = 1.00，样式 = STANDARD

指定起点或 [对正(J)/比例(S)/样式(ST)]: J

输入对正类型 [上(T)/无(Z)/下(B)] <上>: Z

当前设置: 对正 = 无，比例 = 1.00，样式 = STANDARD

指定起点或 [对正(J)/比例(S)/样式(ST)]: S

输入多线比例<1.00>: 240

当前设置: 对正 = 无，比例 = 240.00，样式 = STANDARD

技巧

多线编辑工具也是一个连续命令，在选择一个编辑类型时可以对多个节点进行相同的编辑操作。

绘制墙多线编辑

Step 1

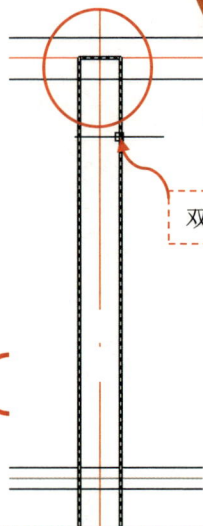

双击

注意

在 T 形打开编辑中，选择的第一个对象为 T 形的"|"，选择的第二个对象为 T 形的"一"。

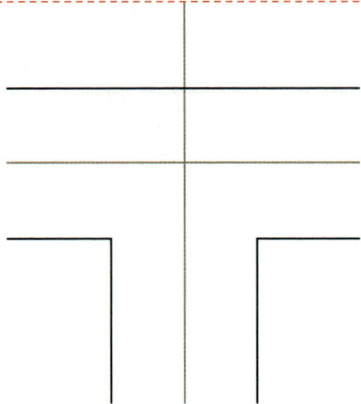

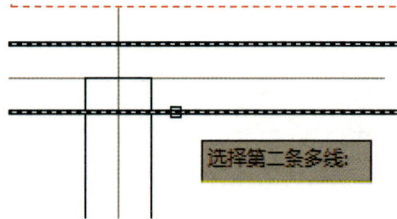

选择第二条多线:

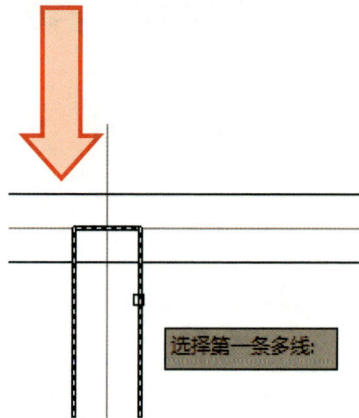

选择第一条多线:

Step 2

绘制墙门窗洞口

使用偏移命令,定出门洞的位置线,注意该辅助线需在门洞绘制结束后即刻删除,以防止图面杂乱,为最后的成图留下麻烦。

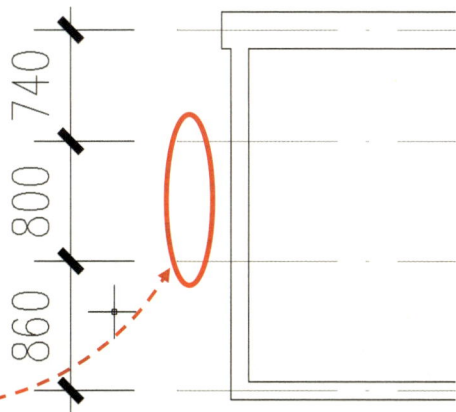

740
800
860

输入修剪命令

TR

TR (TRIM)

740
800
860

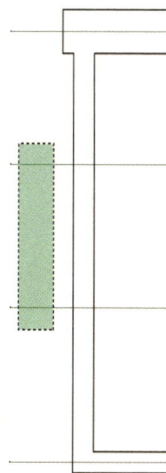

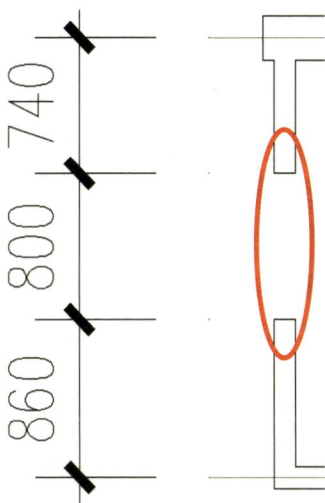

选择修剪的对象为多线绘制的墙

选择要修剪的对象,或按住 Shift 键选择要延伸的对象,或

技巧

多线绘制的对象可以像直线对象一样通过修剪命令,拉伸命令等进行编辑操作。这样绘制门窗洞口是不是就很方便啊!

但是在多线相交的节点可不能用普通的编辑命令哦!大家可以试一试,哪些编辑命令可以对多线进行编辑,哪些又不可以呢?

第五步 绘制柱

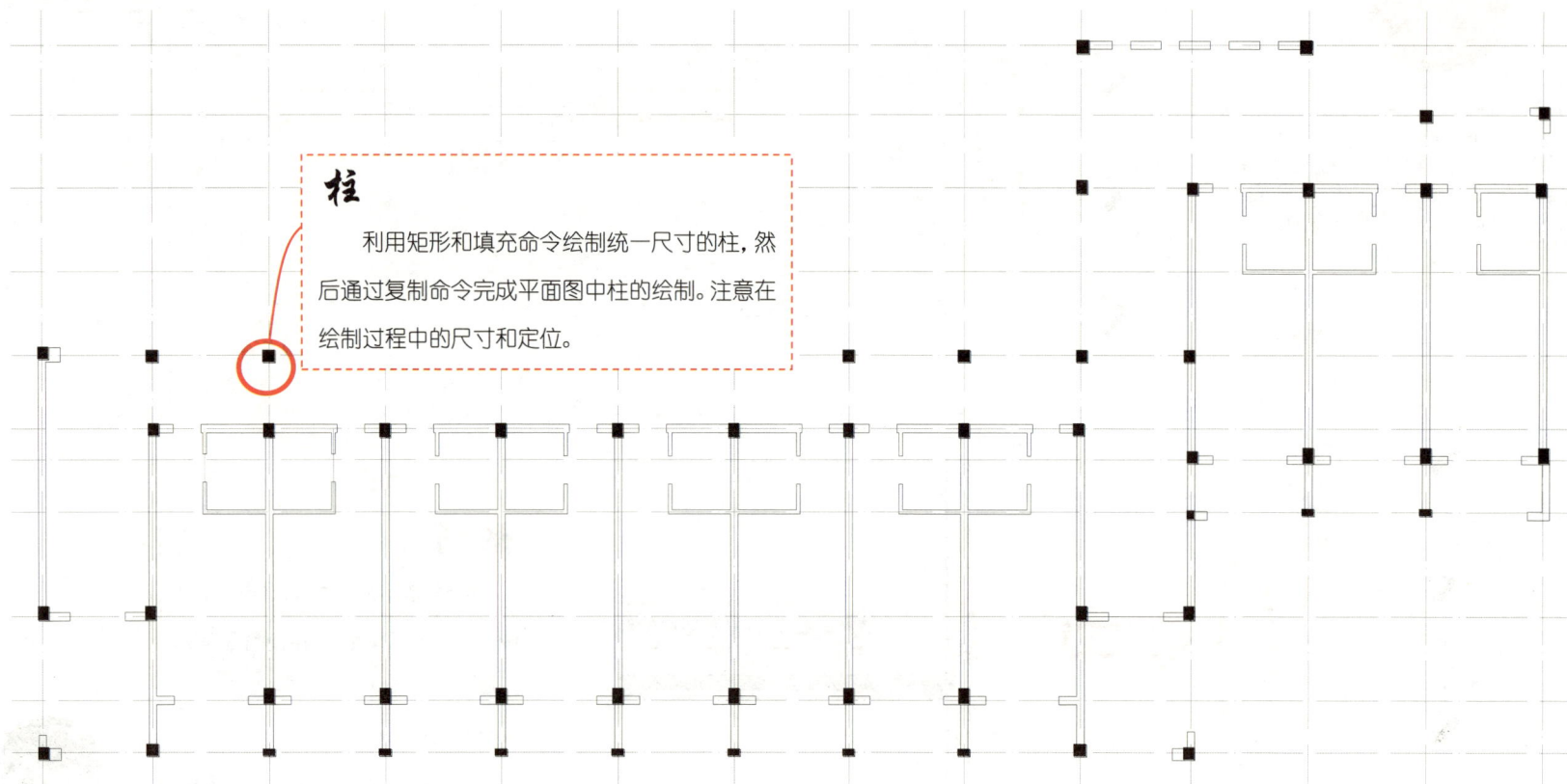

柱

利用矩形和填充命令绘制统一尺寸的柱，然后通过复制命令完成平面图中柱的绘制。注意在绘制过程中的尺寸和定位。

注意

柱的平面尺寸应由结构施工图确定，而在建施图中，平面图中的柱主要起到示意柱的平面位置作用，本张平面图中，柱的平面尺寸取"400×400"和"400×200"两种，根据墙体的位置进行柱的定位。

绘制柱流程图

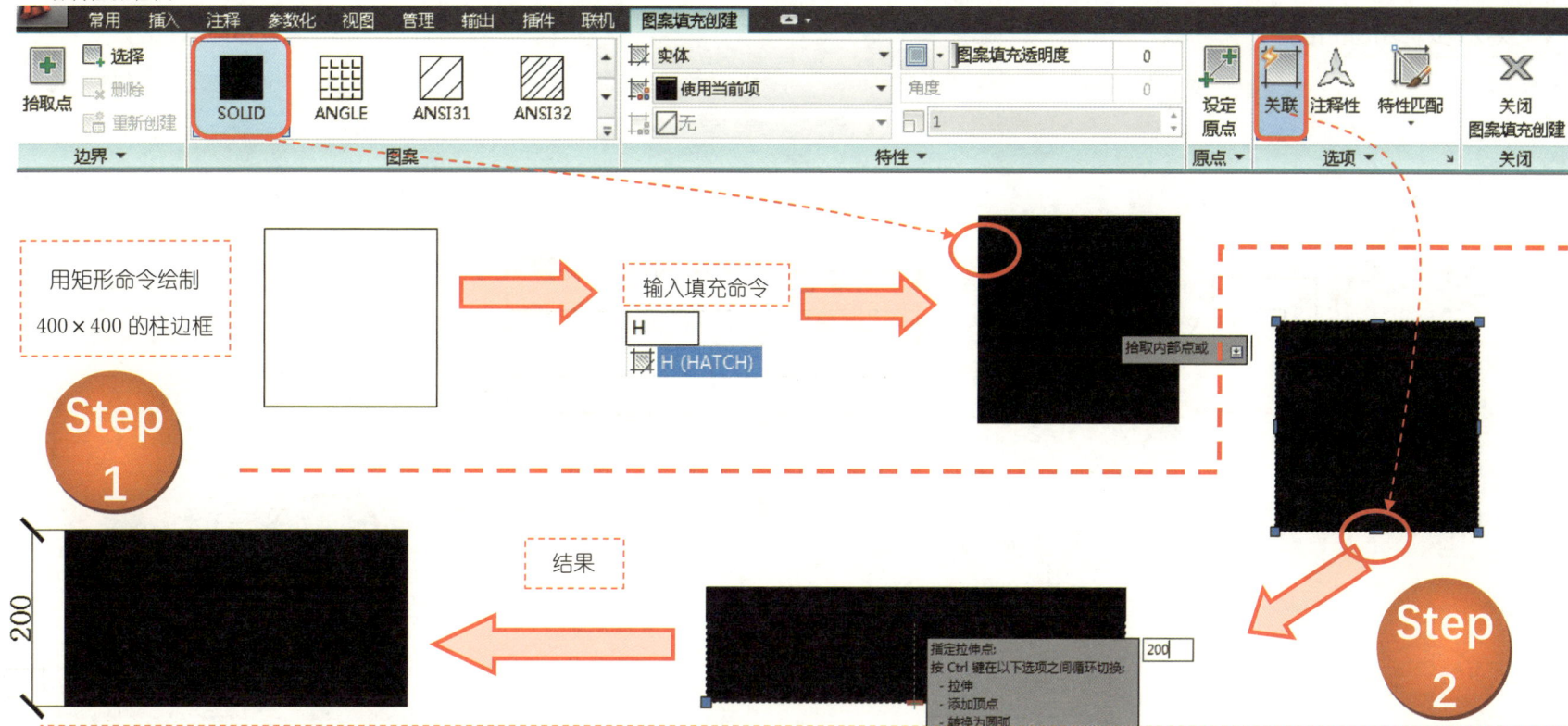

| 常用 | 插入 | 注释 | 参数化 | 视图 | 管理 | 输出 | 插件 | 联机 | **图案填充创建** |

拾取点　选择　删除　重新创建　边界

SOLID　ANGLE　ANSI31　ANSI32　图案

实体　图案填充透明度　0
使用当前项　角度　0
无　1
特性

设定原点　原点

关联　注释性　特性匹配　选项

关闭 图案填充创建　关闭

用矩形命令绘制
400×400 的柱边框

输入填充命令

H

H (HATCH)

拾取内部点或

Step 1

200

结果

指定拉伸点:
按 Ctrl 键在以下选项之间循环切换:
- 拉伸
- 添加顶点
- 转换为圆弧

200

Step 2

技巧

当填充命令选取"关联"选项时，改变图形轮廓时对应的图形内填充图案也随之改变而不需要重新进行填充操作。

同样的，填充对象也可以通过拉伸，修剪等编辑命令进行编辑操作，但并不是所有的编辑命令都适合填充图案对象，大家可是试一试哪些编辑命令可以用来编辑填充图案。

第六步 绘制门窗

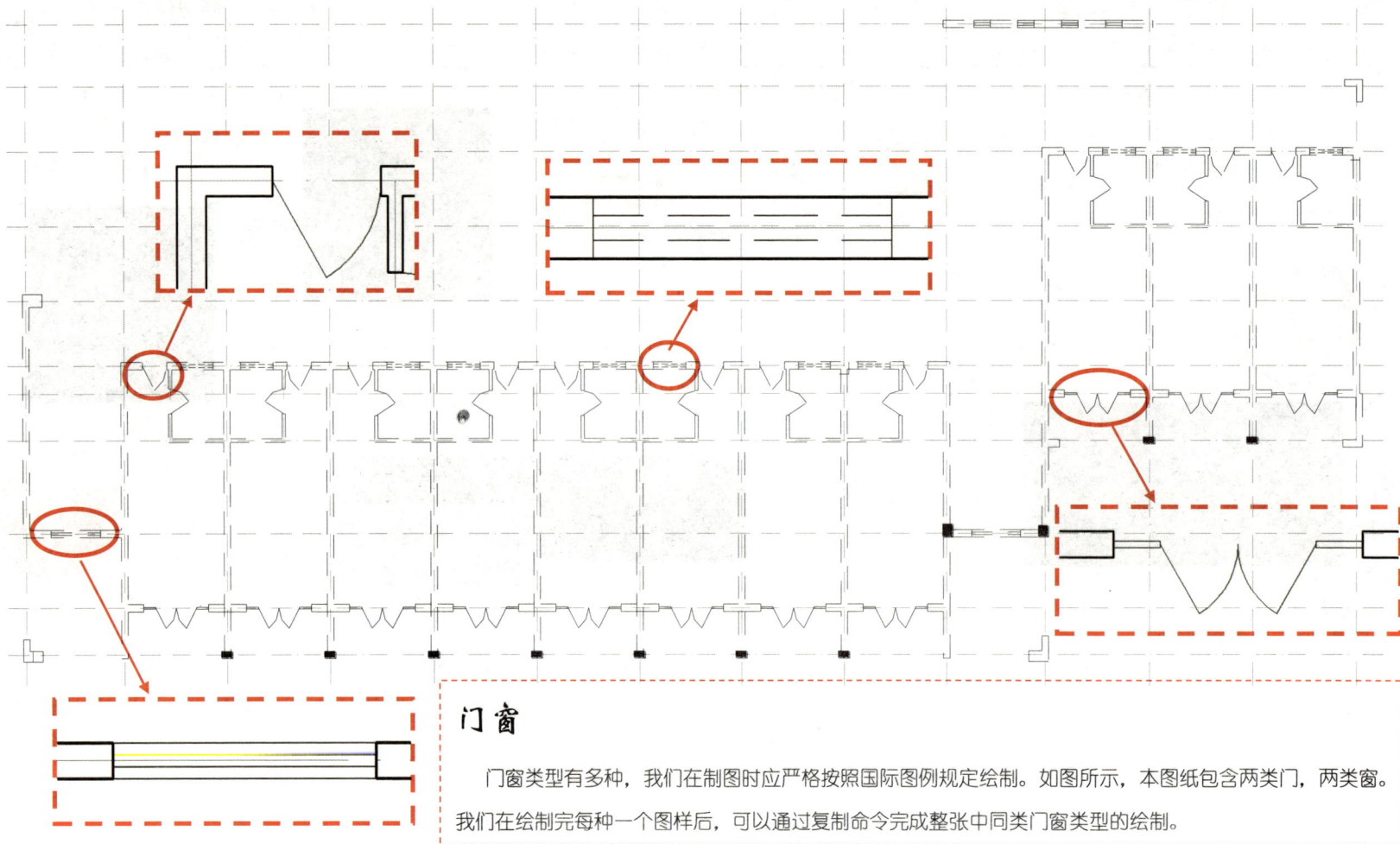

门窗

门窗类型有多种，我们在制图时应严格按照国际图例规定绘制。如图所示，本图纸包含两类门，两类窗。

我们在绘制完每种一个图样后，可以通过复制命令完成整张中同类门窗类型的绘制。

Step 1

绘制墙门窗流程 1

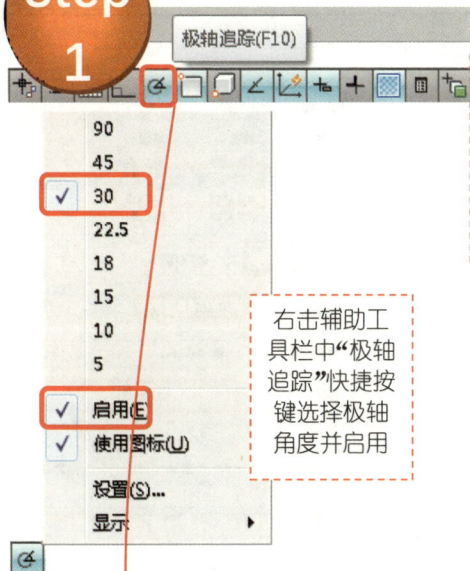

极轴追踪(F10)

90
45
✓ 30
22.5
18
15
10
5

✓ 启用(E)
✓ 使用图标(U)

设置(S)...
显示

右击辅助工具栏中"极轴追踪"快捷按键选择极轴角度并启用

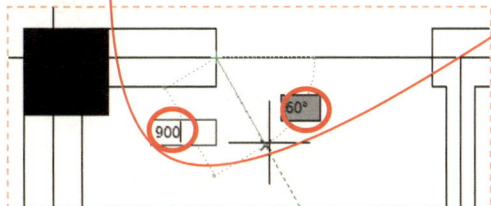

指定圆弧的第二个点或　e

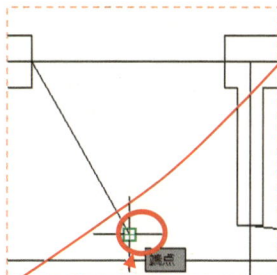

指定第二个点时，我们先选择"端点（E）"

877.0823

指定圆弧的端点：

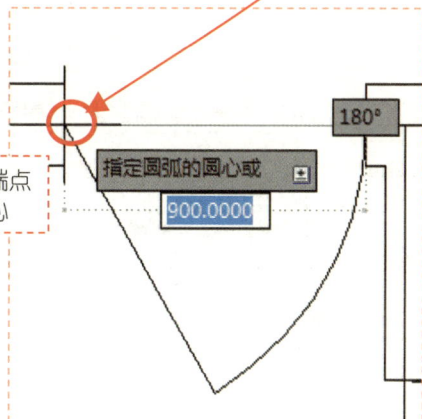

61°

再选择墙中点作为圆弧另一个端点

端点

圆弧命令的第一个端点选择门线的端点

输入圆弧命令

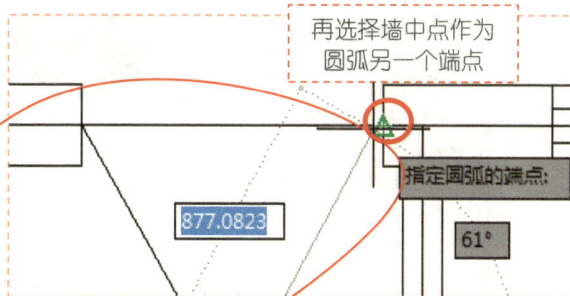

A
A (ARC)

900

60°

用直线命令，在极轴 60°方向绘制长为 900 的线段

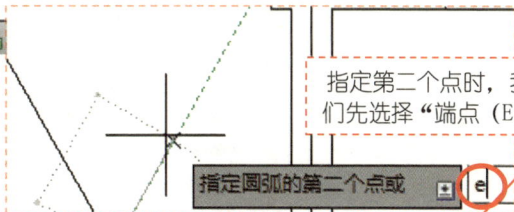

180°

指定圆弧的圆心或　900.0000

最后选择门板端点作为圆弧圆心

想一想

大家可以试一试，若选择圆弧起点和端点方向相反得到的圆弧会是怎么样的？

注意

在绘制圆弧对象时，我们以逆时针方向为绘制方向，不可倒转绘制。

在进行圆弧等命令时会有命令选项，如"端点（E）""圆心（C）"等，这些选项有时可以大大简化我们的作图过程，提高我们的效率，大家一定要多关注！

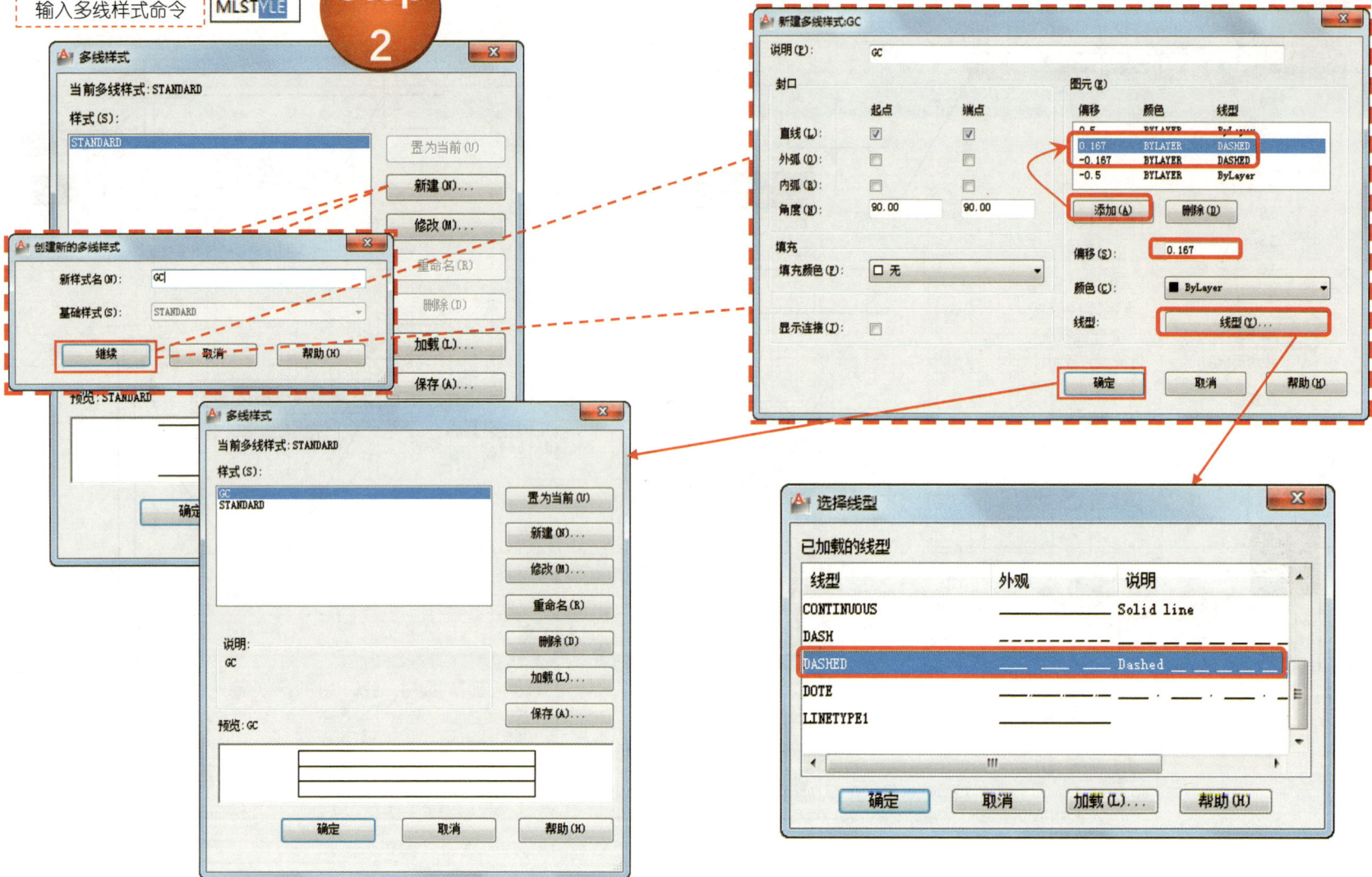

绘制墙门窗流程 2

输入多线样式命令 MLSTYLE

Step 2

多线样式

当前多线样式：STANDARD

样式(S):

STANDARD

置为当前(U)

新建(N)...

修改(M)...

重命名(R)

删除(D)

加载(L)...

保存(A)...

预览：STANDARD

确定

创建新的多线样式

新样式名(N): GC

基础样式(S): STANDARD

继续   取消   帮助(H)

新建多线样式:GC

说明(P): GC

封口

	起点	端点
直线(L):	☑	☑
外弧(O):	☐	☐
内弧(R):	☐	☐
角度(N):	90.00	90.00

填充

填充颜色(F): ☐ 无

显示连接(J): ☐

图元(E)

偏移	颜色	线型
0.5	BYLAYER	ByLayer
0.167	BYLAYER	DASHED
-0.167	BYLAYER	DASHED
-0.5	BYLAYER	ByLayer

添加(A)   删除(D)

偏移(S): 0.167

颜色(C): ■ ByLayer

线型: 线型(Y)...

确定   取消   帮助(H)

多线样式

当前多线样式：STANDARD

样式(S):

GC
STANDARD

置为当前(U)

新建(N)...

修改(M)...

重命名(R)

删除(D)

加载(L)...

保存(A)...

说明:
GC

预览：GC

确定   取消   帮助(H)

选择线型

已加载的线型

线型	外观	说明
CONTINUOUS	——	Solid line
DASH	——	
DASHED	— — —	Dashed
DOTE	· · ·	
LINETYPE1	——	

确定   取消   加载(L)...   帮助(H)

第七步 绘制其他构件

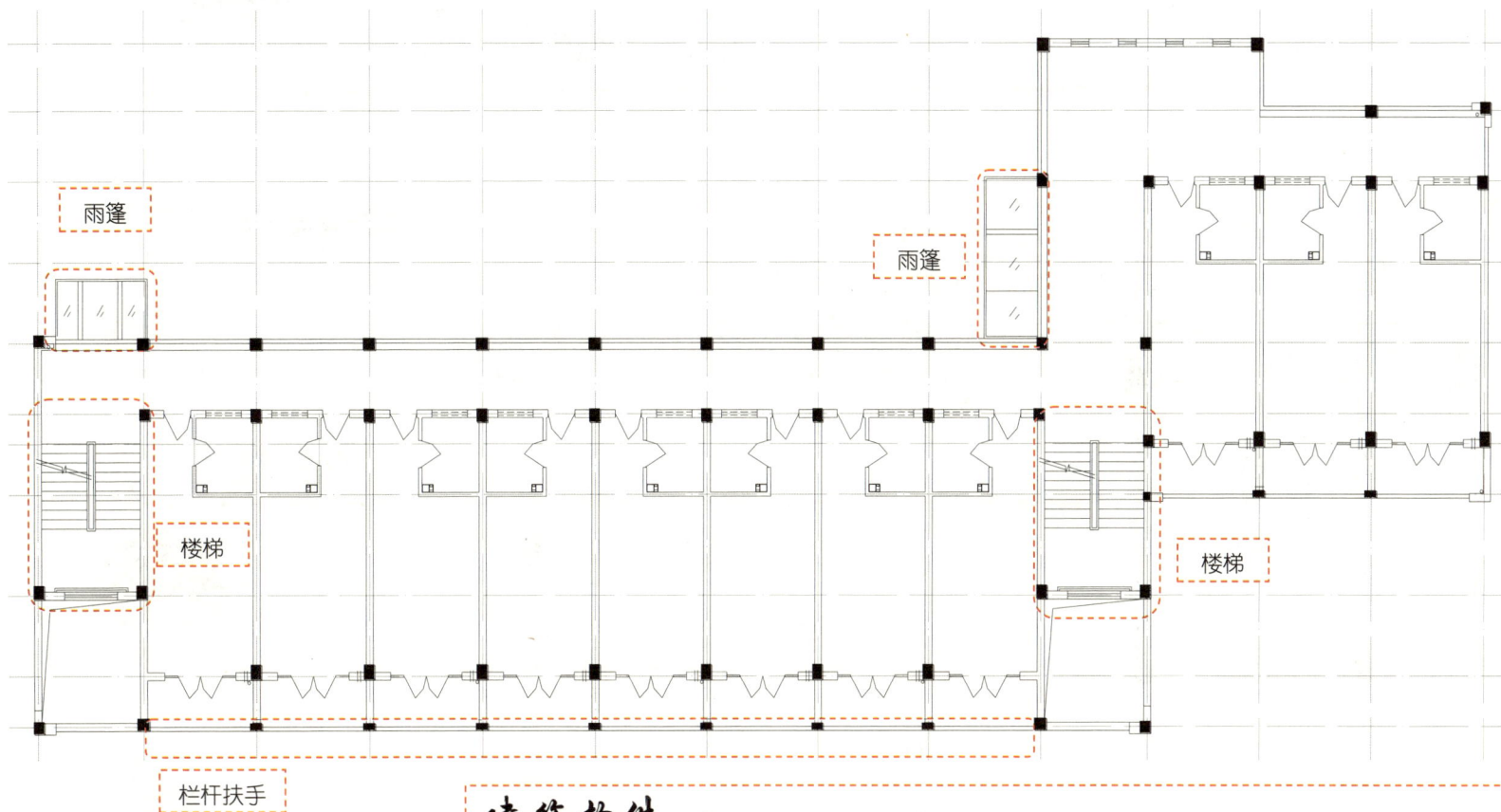

雨篷

雨篷

楼梯

楼梯

栏杆扶手

建筑构件

除了墙、柱等主要构件之外，我们在平面图中还要表示出楼梯，雨篷、台阶，散水和栏杆扶手等建筑构件。

我们在本张图纸中需要绘制的有雨篷两处，楼梯两处，栏杆扶手若干。

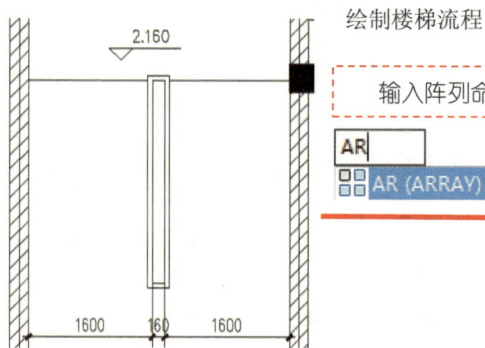

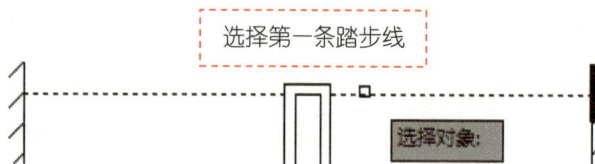

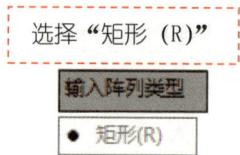

绘制楼梯流程

2.160

1600 160 1600

输入阵列命令

AR

AR (ARRAY)

选择第一条踏步线

选择对象:

选择 "矩形（R）"

输入阵列类型

● 矩形(R)

命令提示

阵列命令，可以通过矩形、路径和极轴三种方式对等尺寸分布的图像进行快速绘制。

我们通过对命令的选项进行选择，实现阵列不同对象的操作，大家可以试一试每个选项都会有怎么样的结果。

命令选项是 CAD 命令的重要组成部分，大家要注意。

为项目数指定对角点或   C

选择 "计数（C）"

输入踏步数 14

输入行数或   14

F

880

2520

2000

2.160

1600 180 1600

0.630

900 1800 900

3600

① ②

选择阵列终点

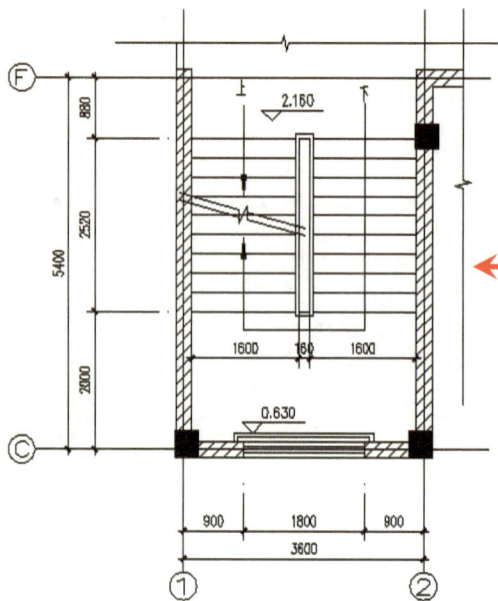

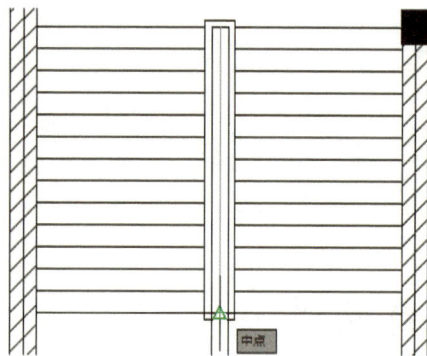

中点

第八步 标注说明、符号

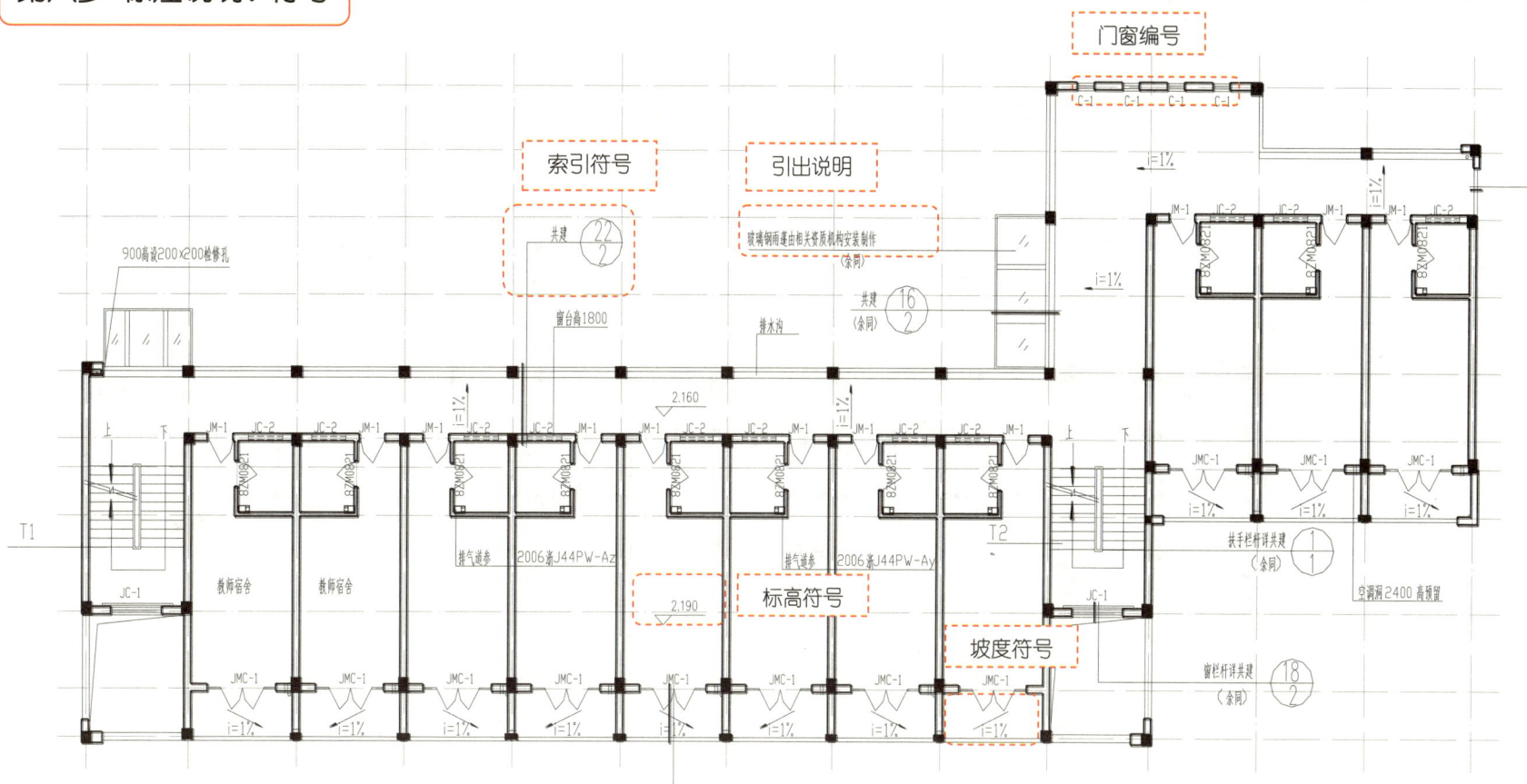

门窗编号

索引符号

引出说明

900高设200×200检修孔

共建 22/2

玻璃钢雨篷由相关资质机构安装制作（余同）

窗台高1800

排水沟

共建 16/2

2.160

教师宿舍 教师宿舍

排气道参 2006浙J44PW-Az

排气道参 2006浙J44PW-Ay

标高符号

2.190

坡度符号

扶手栏杆详共建 1/1 （余同）

空调洞2400 高预留

窗栏杆详共建 18/2 （余同）

说明、符号

根据手工制图中规定的国标要求在图纸中绘制对应的索引符号、标高符号、坡度符号和引出说明，并按要求对门窗进行编号注写。

特别注意，我们绘制平面图是采用 1:1 实际尺寸绘制，而出图打印比例为 1:100，因此，所有符号应放大 100 倍的尺寸。

第九步 标注细部尺寸，图名

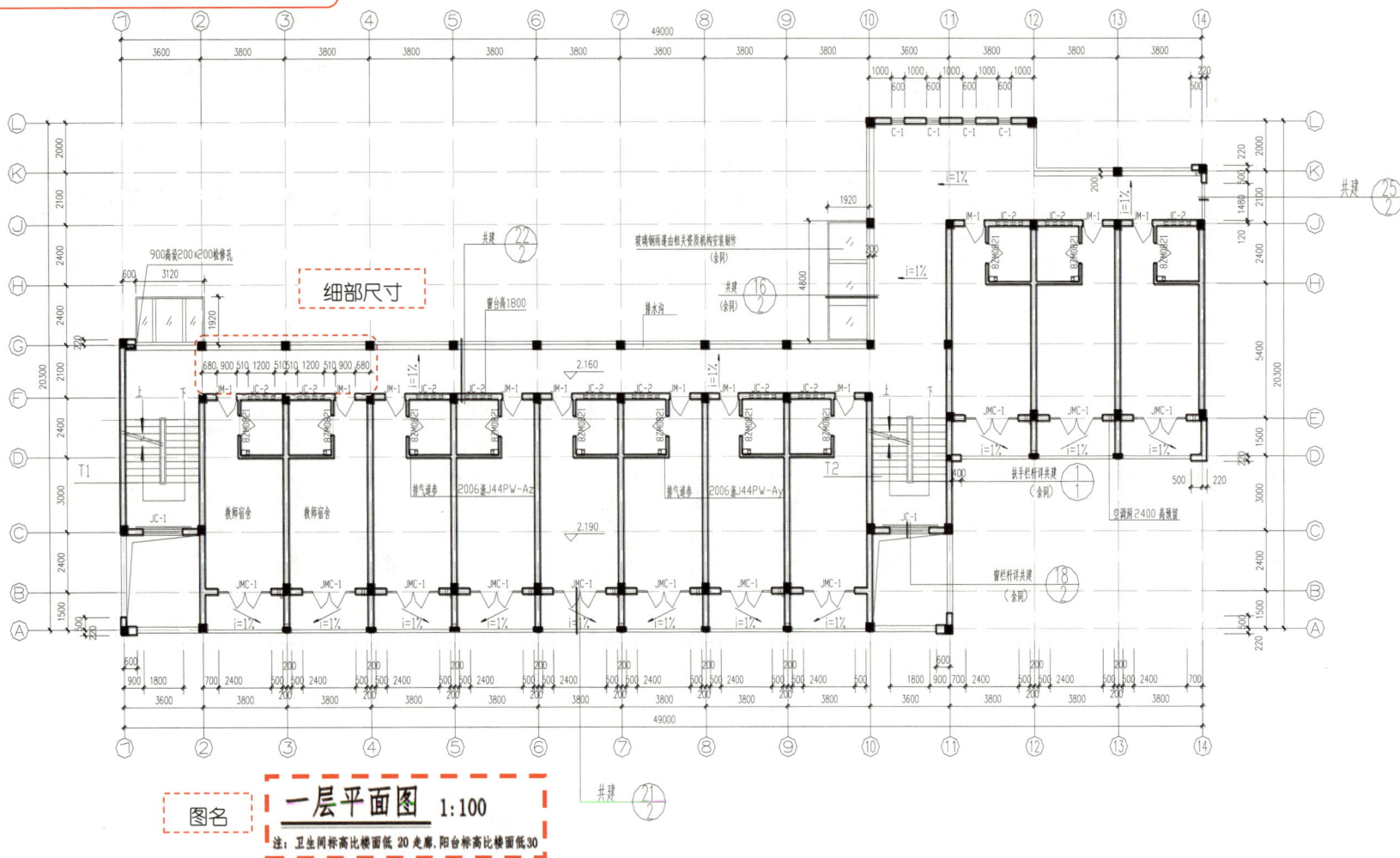

细部尺寸

图名

一层平面图 1:100

注：卫生间标高比楼面低 20 走廊，阳台标高比楼面低30

第十步 图框与标题栏

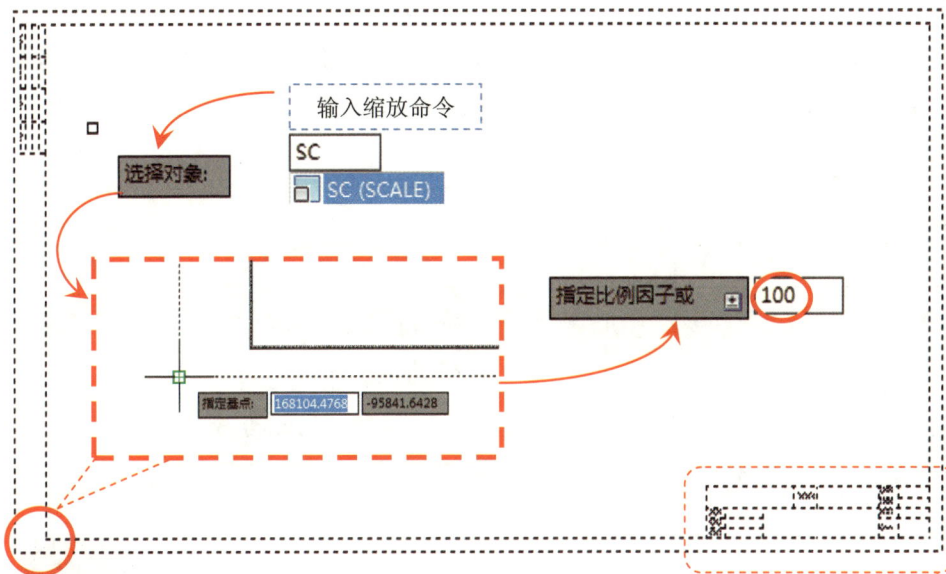

输入缩放命令

SC

SC (SCALE)

选择对象：

指定比例因子或 [ ] 100

指定基点: 168104.4768 -95841.6428

任务完成
你真棒！

图框

　　因我们绘制的图框为图纸的大小，而我们在绘制平面图时是按 1:1 的实际尺寸进行绘图，所以我们在最后将图样布置到图框内时需要将图框放大 100 倍。这也是 CAD 制图的一个优势，我们先画图样再套用恰当的图框，避免图样与图框不符产生的返工。

××学校		专　业	建筑专业	图　号	建施-2
				比　例	1:100
班　级	×年×班		一层平面图	日　期	2015.05.01
姓　名	×××				
学　号	5			成　绩	

评一评

根据表 2-2，来给这次任务打个分数吧！

表 2-2 评价表

序号	评价主体	考核内容及要求	分值	请在相应分值栏内打钩			
1	学习组长	及时完成任务	10	10	8	6	4
2		在完成任务过程中，不打扰他人学习	5	5	4	3	2
3		能够积极与教师、同学沟通，弥补不足	5	5	4	3	2
4		有自我约束力，能静心绘图	5	5	4	3	2
5		能爱护计算机等实训设备	10	10	8	6	4
6	教师	环境设置正确合理	10	10	8	6	4
7		选用图样线型、图层等正确	10	10	8	6	4
8		正确绘制墙线、门窗等构件	30	30	24	18	12
9		图框绘制正确，注写尺寸标注、文字准确	10	10	8	6	4
10		按照要求规范操作	5	5	4	3	2
说明：每个单项有 4 个评分等级，分别以完全达到、达到、基本达到、不能达到为划分标准。如单项 5 分，则对应为 5 分、4 分、3 分、2 分			总分				

比一比

一层平面图绘制完成后，你可以与其他人比一比，看谁的图更准确、美观。你可以和同学比，也可以和不认识的他或她比一比。请翻到附录"CAD 制图案例 1"。比拼一下，看看谁画得更好呢？

我们来进入到下一任务吧！

绘制立面图！

☆项目六　绘制立面图

①～⑭轴立面图。

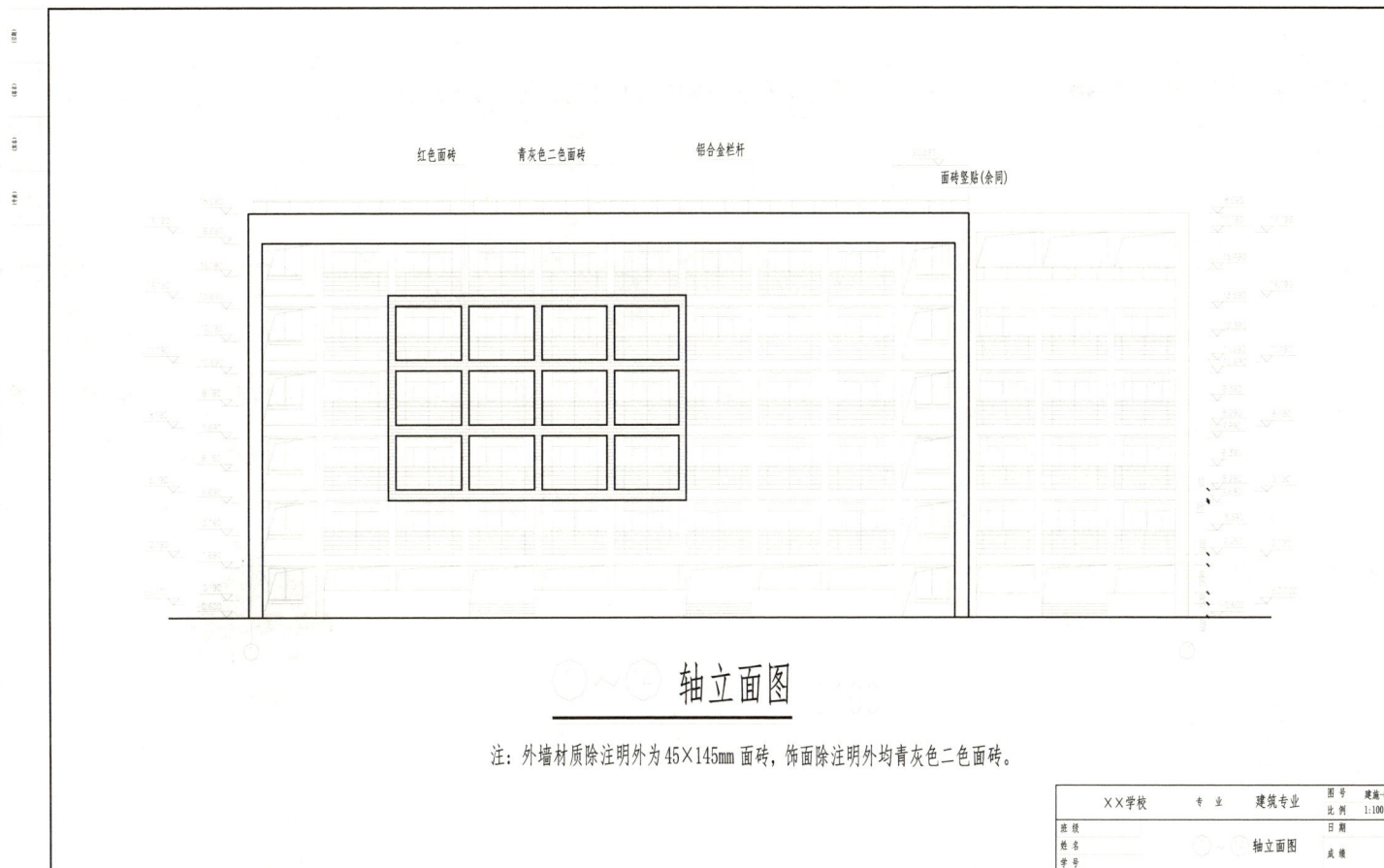

红色面砖　　　青灰色二色面砖　　　　铝合金栏杆

面砖竖贴(余同)

①～⑭轴立面图

注：外墙材质除注明外为45×145mm 面砖，饰面除注明外均青灰色二色面砖。

××学校	专业	建筑专业	图 号	建施-6
			比 例	1:100
班级			日 期	
姓名		①～⑭轴立面图		
学号			成 绩	

立面图绘制步骤

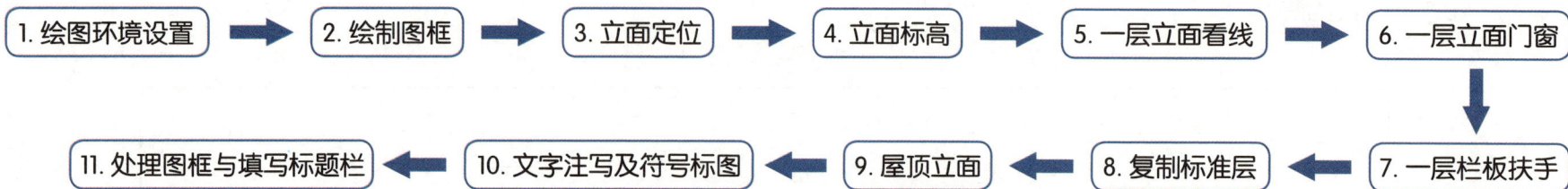

1. 绘图环境设置 ➡ 2. 绘制图框 ➡ 3. 立面定位 ➡ 4. 立面标高 ➡ 5. 一层立面看线 ➡ 6. 一层立面门窗

⬇

11. 处理图框与填写标题栏 ⬅ 10. 文字注写及符号标图 ⬅ 9. 屋顶立面 ⬅ 8. 复制标准层 ⬅ 7. 一层栏板扶手

步骤说明：

　　我们在前一个项目中已经学会了第一步、第二步和第十一步，这几步也是我们CAD制图的基本要素，大家如果还不明白可以回到项目五查看。

　　有关绘制要求可以参看项目五的任务要求。

请查看项目五的绘制要求，再来熟悉一遍吧！

立面图绘制过程

绘制环境设置、绘制图框及处理图框与填写标题栏参考"项目五绘制一层平面图"。此外，从第三步立面定位开始。

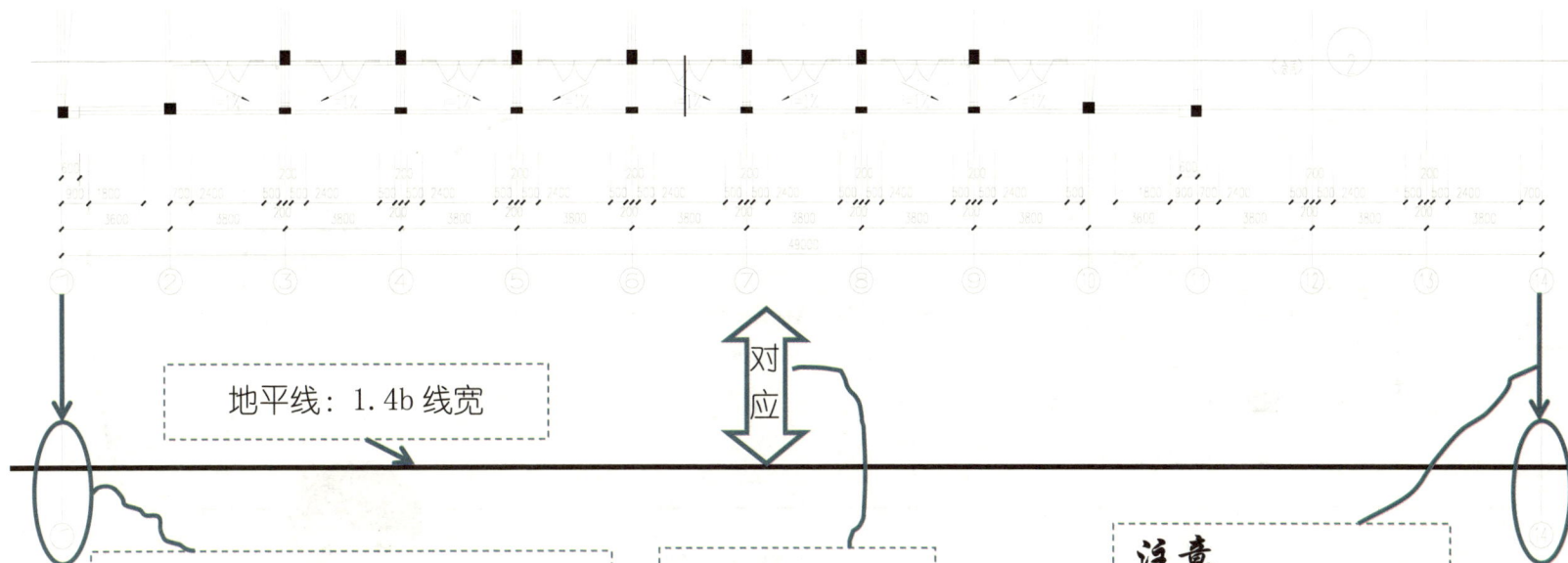

第三步 立面定位

地平线：1.4b 线宽

对应

复制①~⑭号轴线编号到地平线处，作为立面图的轴定位轴线。

地平线与图样间距要恰当，留出绘制对应立面图空间。

注意
平面图与立面图定位轴线的上下必须对齐！

立面图定位
在手工绘制立面图时，我们已经知道立面图形成的原理，用 CAD 的复制、移动等编辑命令，利用已有的平面图样可以方便快捷地来绘制立面图。

立面图必须与平面图联系起来看哦！

第四步 立面标高

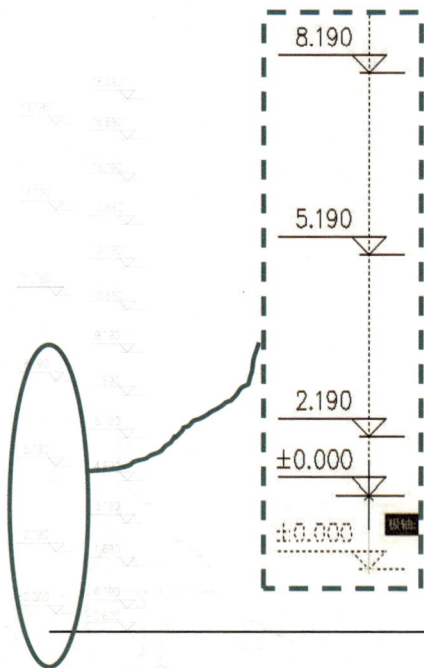

立面标高

在①~⑭号轴线之外，利用复制、镜像等编辑命令完成所有标高的标注。

8.190

5.190

2.190

±0.000

±0.000 极轴

复制命令

CO(COPY)复制命令为连续命令，我们复制第一个±0.000标高后，连续输入"2190—确定—5190—确定—8190—确定……"。

当然，标高数字是不会自动变成2.190，5.190等的哦！还是要在复制操作完成后进行修改。

想一想

我们为什么在绘制立面图样之前先绘制了标高呢？

第五步　一层立面看线

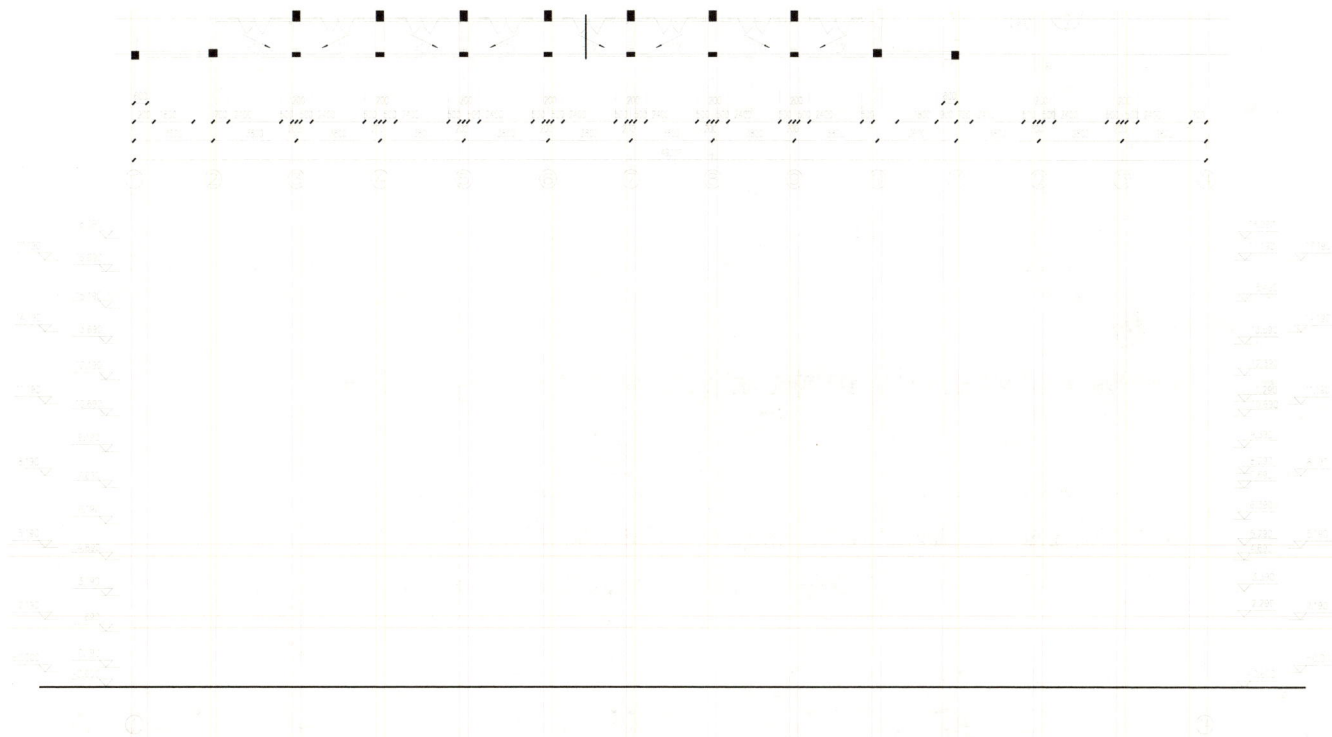

用 XL（XLINE）构造线命令，沿着平面图 1—14 侧的墙面柱边看线作"垂直（V）"方向的构造线，作为外立面看线的定位辅助线，沿层高标高作"水平（H）"方向高度辅助线。

注意

构造线为两端无限延长的线，我们一般作辅助定位用；而如果利用 TR（TRIM）修剪命令将两端修，剪则其变为普通直线，若修剪一端则变为射线。

第六步　一层立面门窗

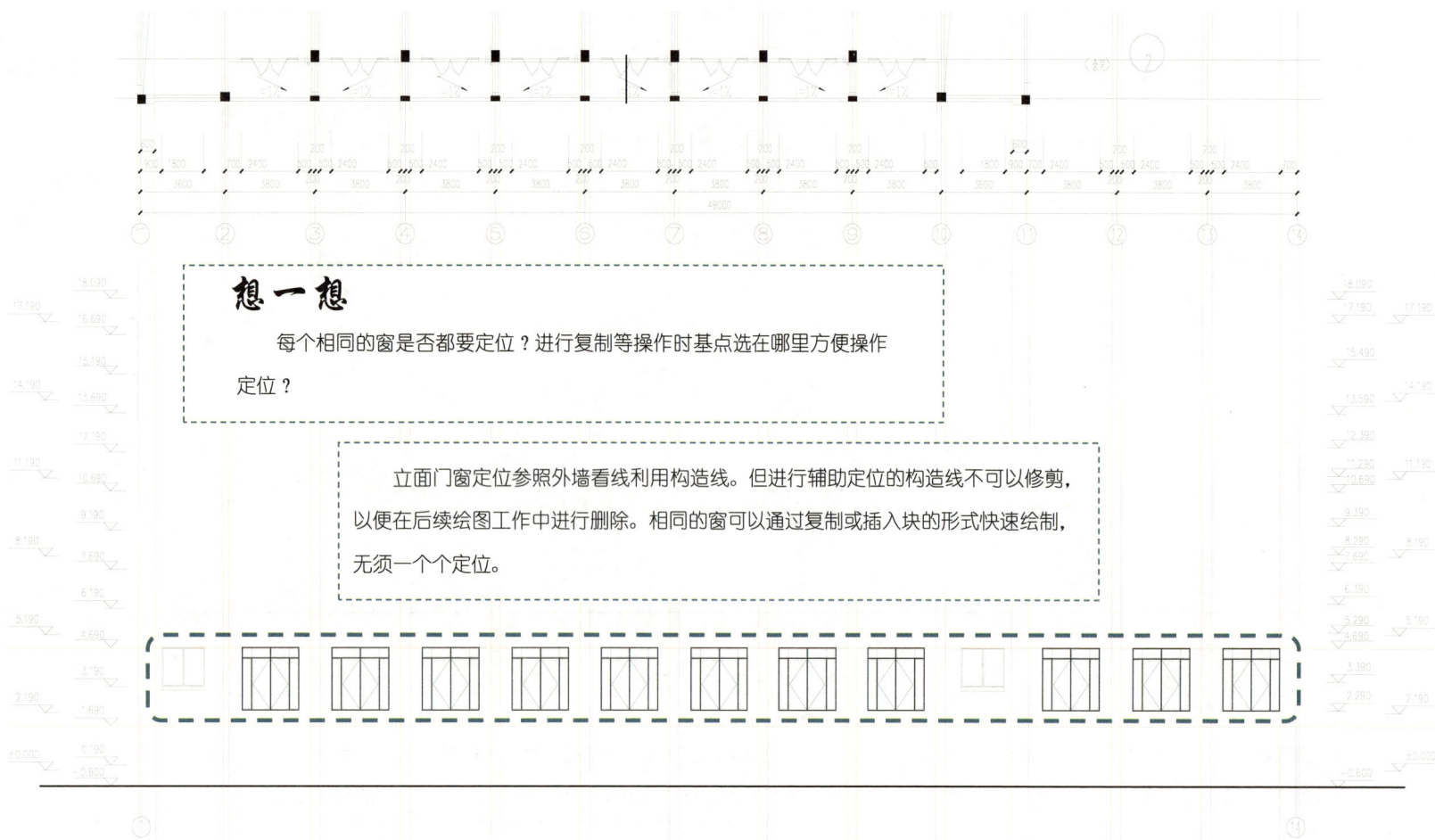

想一想

　　每个相同的窗是否都要定位？进行复制等操作时基点选在哪里方便操作定位？

　　立面门窗定位参照外墙看线利用构造线。但进行辅助定位的构造线不可以修剪，以便在后续绘图工作中进行删除。相同的窗可以通过复制或插入块的形式快速绘制，无须一个个定位。

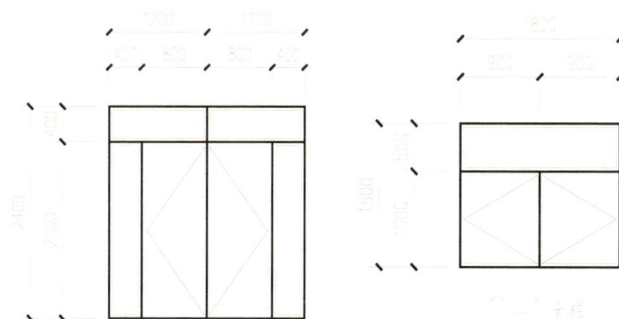

JMC-1 大样

立面门窗

立面门窗需要参照门窗表和门窗详图单独绘制并进行组块。

因为在立面中门窗为主要表示图例，而且样式多、数量多，图线也多。为便于同类样式门窗的统一编辑修改，我们利用"B（BLOCK）块"命令对门窗图样进行组块。

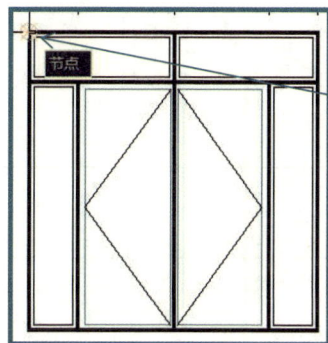

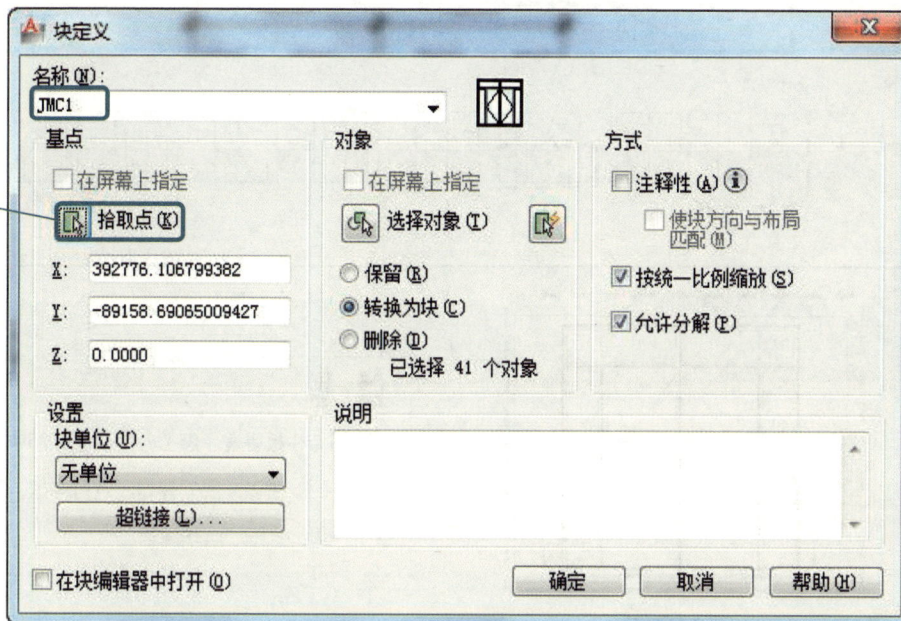

节点

块定义

名称（N）：
JMC1

基点

☐ 在屏幕上指定

⊞ 拾取点（K）

X: 392776.106799382

Y: -89158.69065009427

Z: 0.0000

对象

☐ 在屏幕上指定

⊞ 选择对象（T）

○ 保留（R）
● 转换为块（C）
○ 删除（D）
已选择 41 个对象

方式

☐ 注释性（A）
☐ 使块方向与布局匹配（M）
☑ 按统一比例缩放（S）
☑ 允许分解（P）

设置

块单位（U）：
无单位

超链接（L）...

说明

☐ 在块编辑器中打开（O）
确定　　取消　　帮助（H）

第七步 一层栏板扶手

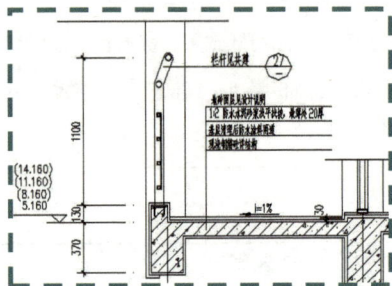

想一想

我们为什么把二层及以上的外墙看线都删除,只保留了一层对象?

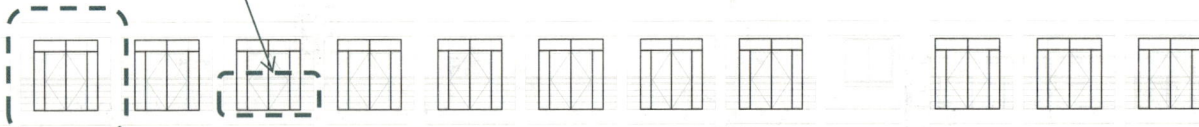

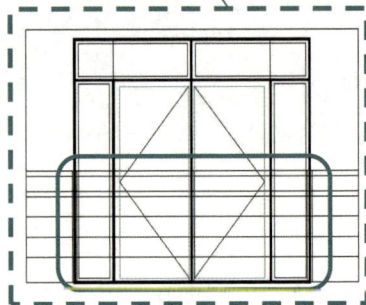

注意

门与栏板重叠了怎么办?从图2-35中我们可以看出是玻璃栏板。因此,栏板应该遮挡住门。所以,我们要对门进行修改,这时块编辑就体现出它的快捷和方便了。请看下一页,详细了解块编辑。

编辑块定义

要创建或编辑的块 (B)

JMC1

〈当前图形〉
_AXISO
_DIMX
A$C160017F1
A$C4F2B48BA
A$C6C2C282D
A$C78F508D7
JMC1

预览

说明

确定　　取消　　帮助 (H)

1100

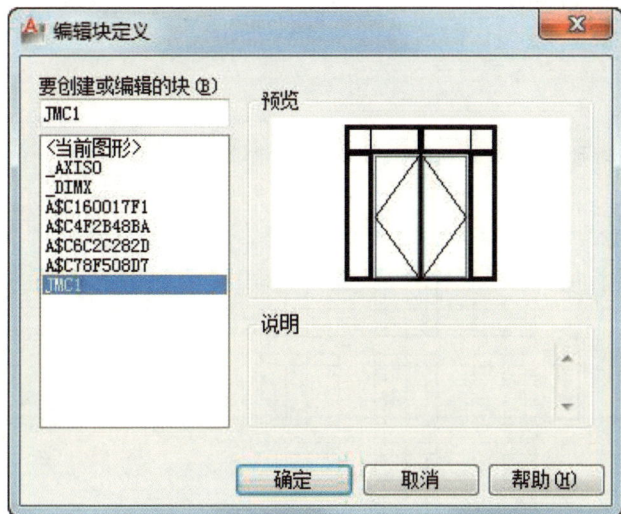

1. 双击 JMC1 门的其中一个对象，调出"编辑块定义"对话框，选择对应的 JMC1 门对应块，确定进入编辑块定义界面。

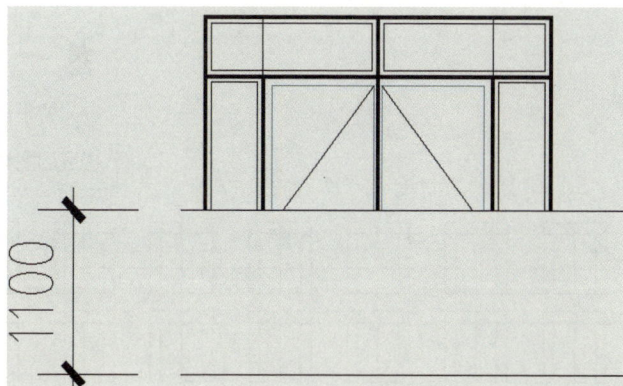

2. 对 JMC1 块进行编辑，根据栏板扶手高度 1100mm，修剪门下部 1100 mm 的图样，如上所示。

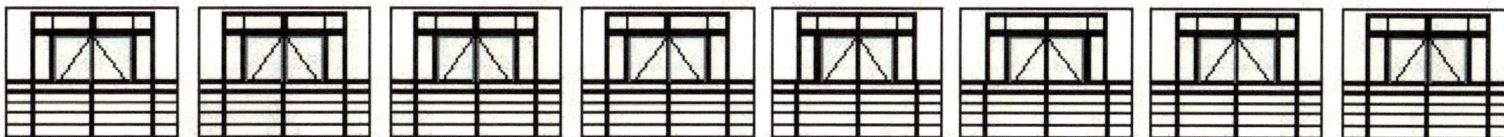

3. 编辑完成后，保存块定义并退出编辑块定义界面，图中所有命名为 JMC1 的块对象均自动更新为编辑后的样式！

这个功能是不是很强大？！完成大幅面图样时，它能很快捷地对组块对象进行批量修改调整。大家快来试一试吧！

第八步　复制标准层

想一想

如果每层立面图样都不一样，那我们该怎么绘制其他楼层的图样呢？

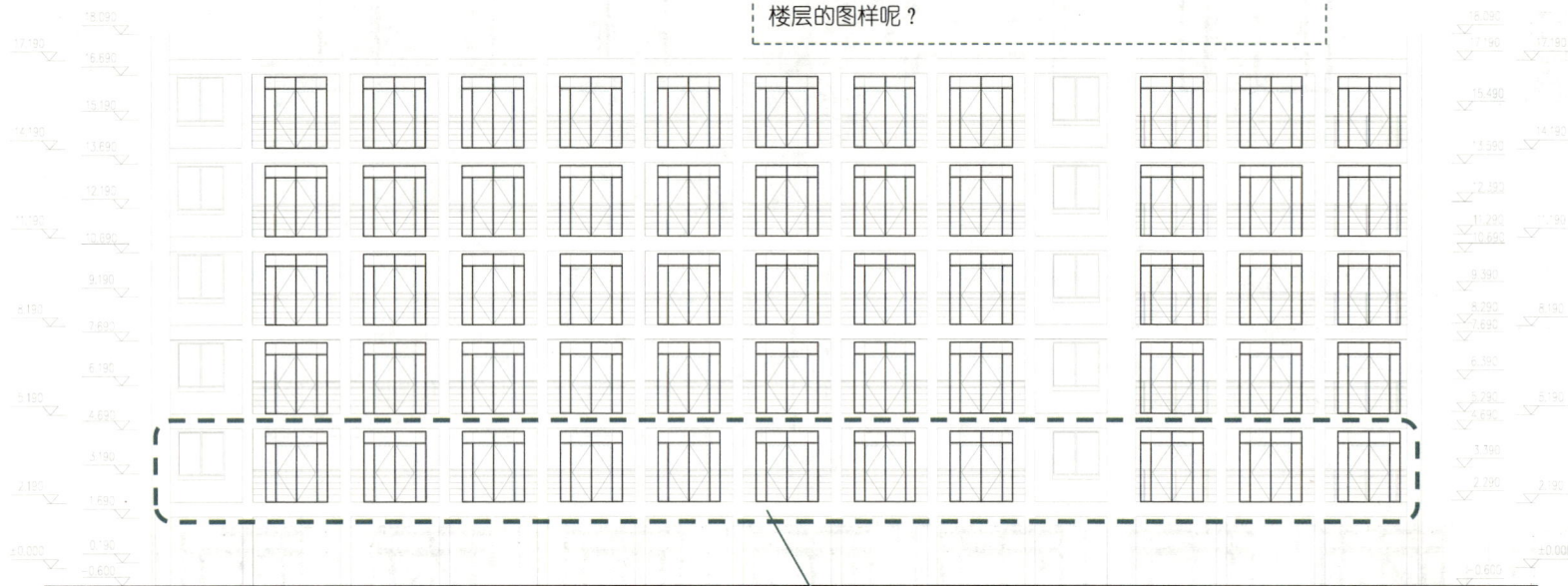

注意

选择复制对象时要仔细比较，避免有些图线在复制后重叠，影响图样后面的编辑。同时也要注意复制的基点，我们可以利用层高标高符号确定基点，进行复制。

选择一层立面图样，对 2—5 层相同的门窗和外立面墙休看线进行复制或者进行阵列操作，得到各层立面图样。

第九步　屋顶立面

女儿墙在立面上的可见部分，需对应详图进行绘制。

第十步　文字注写及符号标图

注意

女儿墙在立面上的可见部分需对应详图进行绘制。

本张图纸中女儿墙由下部墙体和上部栏杆组成，我们在绘制立面图时要进行识别和区分。

外墙材料说明

砖红色面砖　　青灰色二色面砖　　铝合金栏杆

面砖竖缝(余同)

注意

进行文字注写和符号标注时需要从左上往右下角的顺序进行，以防错漏。

①~⑨　**轴立面图**　图名比例

注：外墙材质除注明外为45×145mm面砖，饰面除注明外均青灰色二色面砖。

轮廓线

立面最外轮廓线应用粗实线包围整个立面图样，与立面看线有明显区分。

评一评

根据下面的评价表（如表2-3），来给这次任务打个分数吧！

表2-3 评价表

序号	评价主体	考核内容及要求	分值	请在相应分值栏内打钩			
1	学习组长	及时完成任务	10	10	8	6	4
2		在完成任务过程中，不打扰他人学习	5	5	4	3	2
3		能够积极与教师、同学沟通，弥补不足	5	5	4	3	2
4		有自我约束力，能静心绘图	5	5	4	3	2
5		能爱护计算机等实训设备	10	10	8	6	4
6	教师	环境设置正确合理	10	10	8	6	4
7		正确绘制墙线、门窗、栏杆等构件	30	30	24	18	12
8		正确注写尺寸标注、文字	10	10	8	6	4
9		正确注写标高	10	10	8	6	4
10		按照要求规范操作	5	5	4	3	2
说明：每个单项有4个评分等级，分别以完全达到、达到、基本达到、不能达到为划分标准。如单项5分，则对应为5分、4分、3分、2分				总分			

比一比

①～⑭立面图绘制完成后，你可以与其他人比一比，看谁绘制的图更准确、美观。你可以和同学比，也可以和不认识的他或她比一比。请翻到附录"CAD制图案例2"，比拼一下，看看谁绘制得更好。

现在你应该掌握了基本的CAD绘图技能了。我们去完成下一个任务吧！

☆ 项目七　绘制剖面图

1-1 剖面图和 2-2 剖面图。

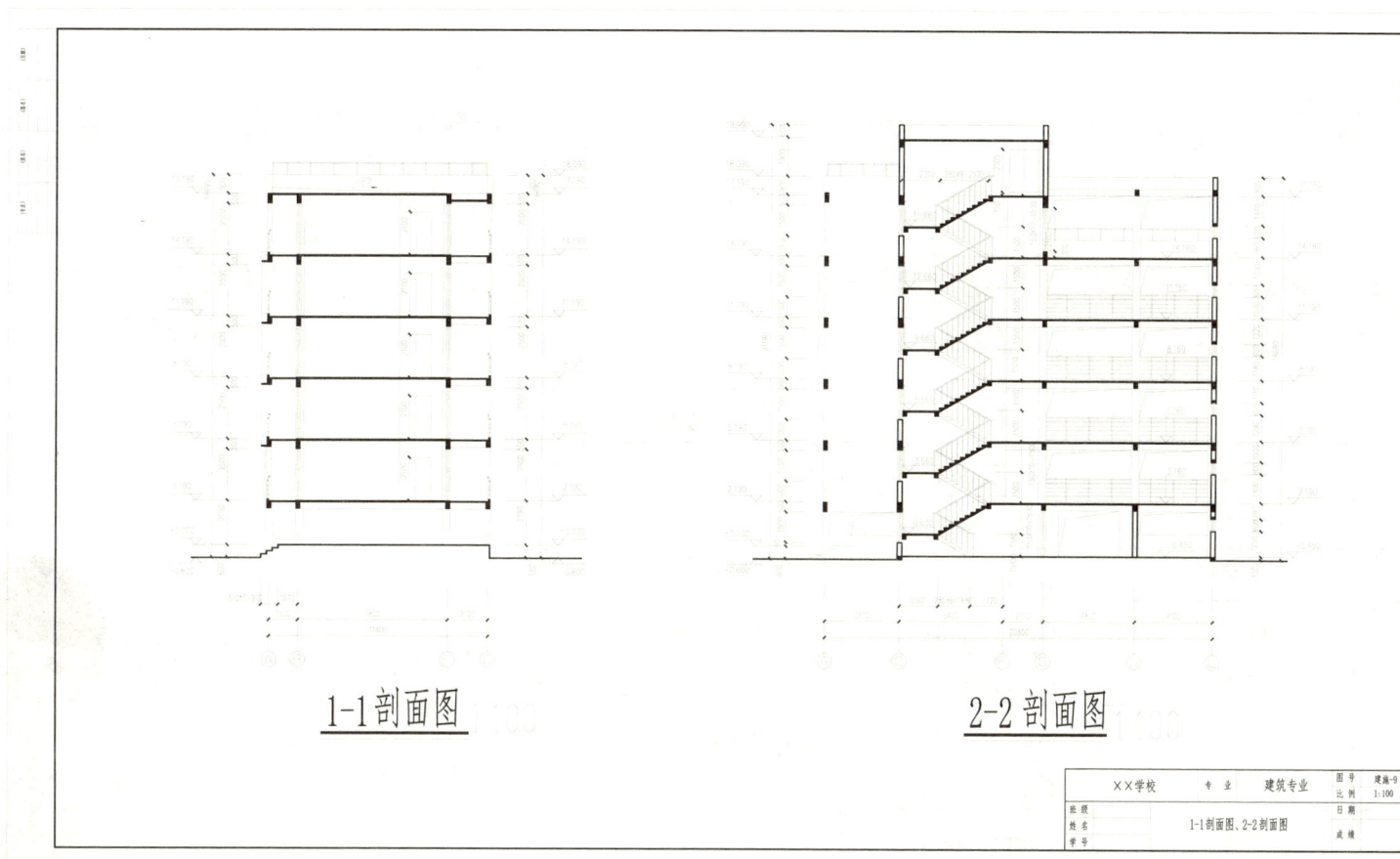

1-1剖面图

2-2剖面图

××学校		专　业	建筑专业	图　号	建施-9
班级				比例	1:100
姓名			1-1剖面图、2-2剖面图	日　期	
学号				成　绩	

剖面图绘制步骤：

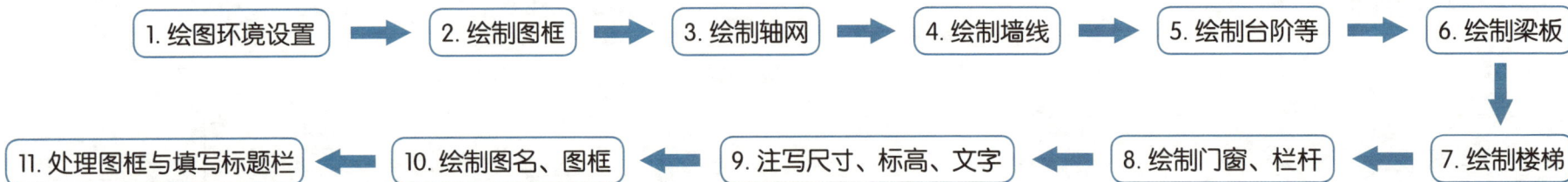

1. 绘图环境设置 → 2. 绘制图框 → 3. 绘制轴网 → 4. 绘制墙线 → 5. 绘制台阶等 → 6. 绘制梁板

↓

11. 处理图框与填写标题栏 ← 10. 绘制图名、图框 ← 9. 注写尺寸、标高、文字 ← 8. 绘制门窗、栏杆 ← 7. 绘制楼梯

剖面图图层设置要求（如表 2-4，其余绘制要求参考项目五）。

完成前面两张图纸的绘制后，对 CAD 制图应该已有初步了解，也具备了一定的 CAD 绘图技能。现在请完成 CAD 制图的最后一个项目，希望大家继续努力！

表 2-4　剖面图图层设置要求

图层名	颜色	线型	线宽
图框	白色	Continuous	基于粗线的线宽，按建筑制图统一标准 GB50104-2010 要求设置这些图层的线宽
轴线	红色	Center	
文字	白色	Continuous	
墙	黄色	Continuous	
门窗	青色	Continuous	
楼梯	黄色	Continuous	
标注	绿色	Continuous	
其余轮廓线	白色	Continuous	

小伙伴，我们来到第三步，绘制轴网吧！

剖面图绘制过程

绘图环境设置、绘图图框、处理图框与填写标题栏参见"项目五绘制一层平面图"。此处从第三步绘制轴网开始。

第三步　绘制轴网

绘制轴网。

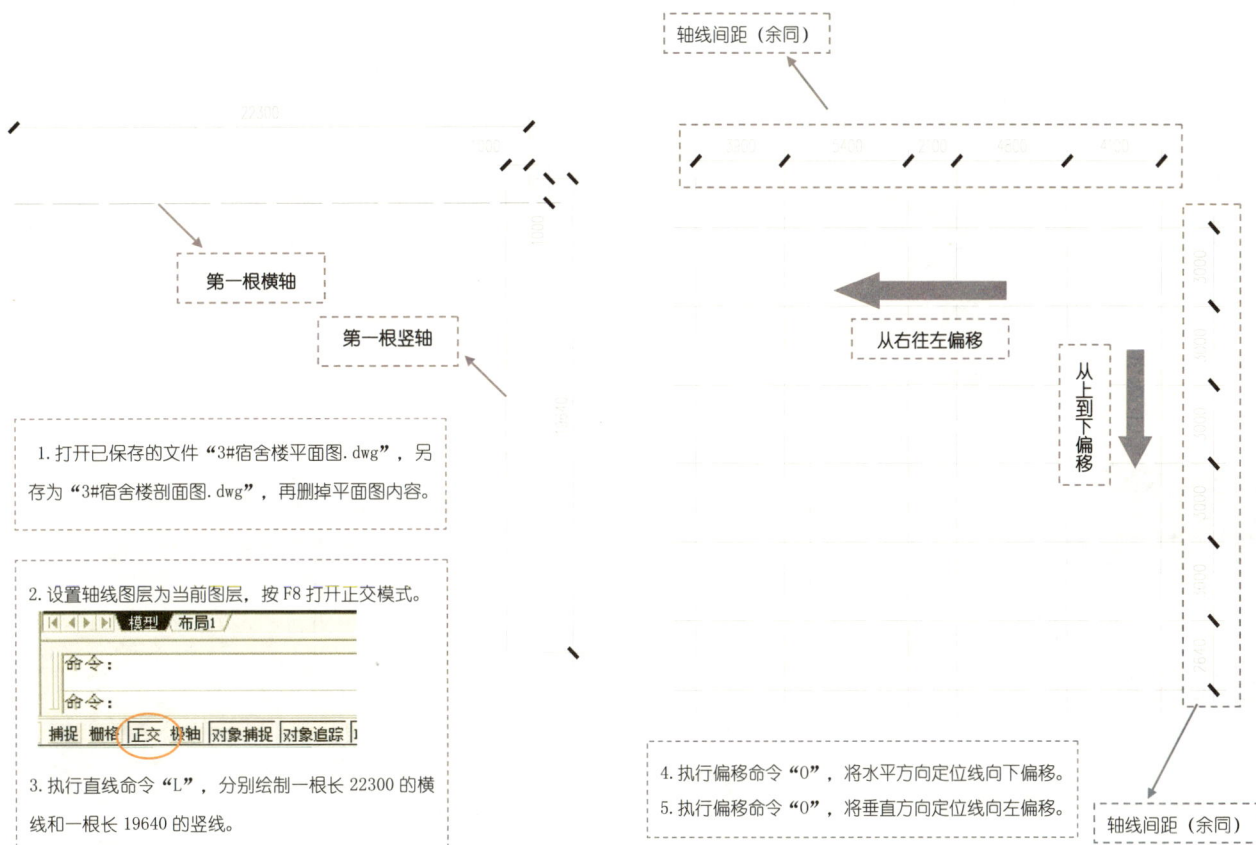

轴线间距（余同）

第一根横轴

第一根竖轴

从右往左偏移

从上到下偏移

轴线间距（余同）

1. 打开已保存的文件"3#宿舍楼平面图.dwg"，另存为"3#宿舍楼剖面图.dwg"，再删掉平面图内容。

2. 设置轴线图层为当前图层，按 F8 打开正交模式。

模型　布局1

命令：

命令：

捕捉　栅格　正交　极轴　对象捕捉　对象追踪

3. 执行直线命令"L"，分别绘制一根长 22300 的横线和一根长 19640 的竖线。

4. 执行偏移命令"O"，将水平方向定位线向下偏移。

5. 执行偏移命令"O"，将垂直方向定位线向左偏移。

第四步　绘制墙线

绘制墙线。

1. 偏移命令 "0"，将 B 轴和 F 轴两条轴线分别向两侧偏移 120。

2. 选择偏移出的辅助线，利用图层管理器下拉菜单，选择为墙线图层。

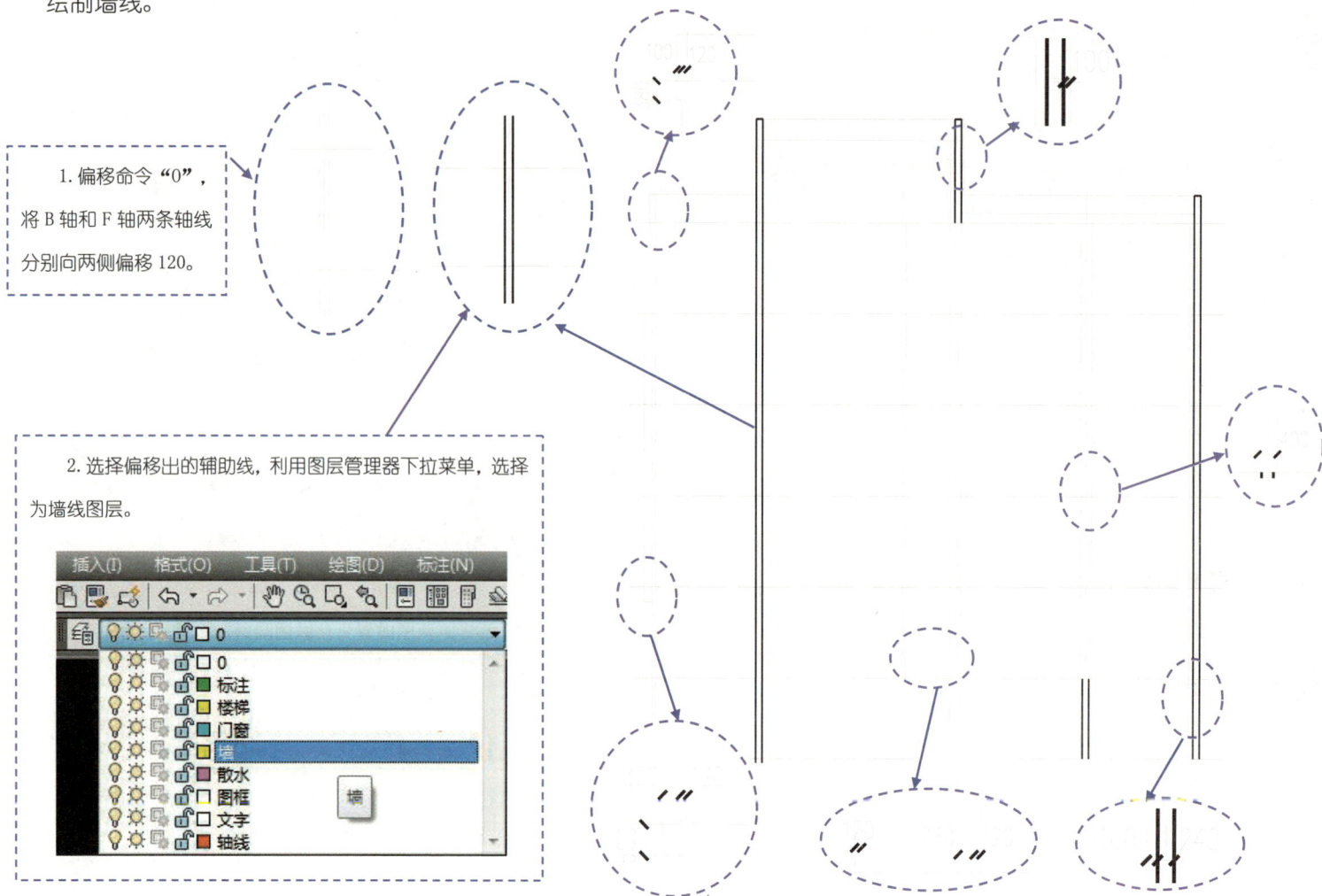

第五步　绘制台阶等

绘制台阶等。

1. 执行多段线"PL"命令，再选择 W，设置起点、结束线宽均为 50，绘制地坪线。

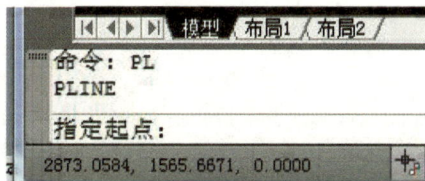

```
模型 / 布局1 / 布局2
命令: PL
PLINE
指定起点:
2873.0584, 1565.6671, 0.0000
```

```
指定下一个点或 [圆弧(A)/半宽(H)/长度(L)/放弃(U)/宽度(W)]: w
指定起点宽度 <0.0000>: 50
指定端点宽度 <50.0000>: 50
```

2. 用图示尺寸绘制台阶。

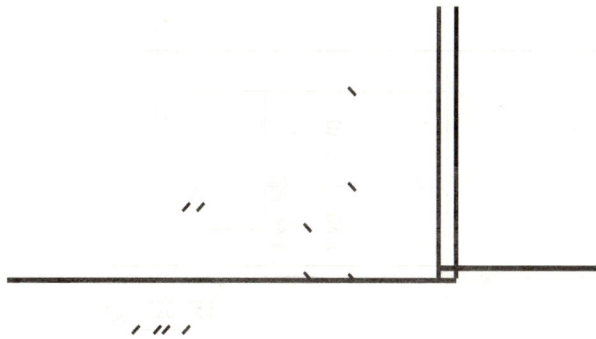

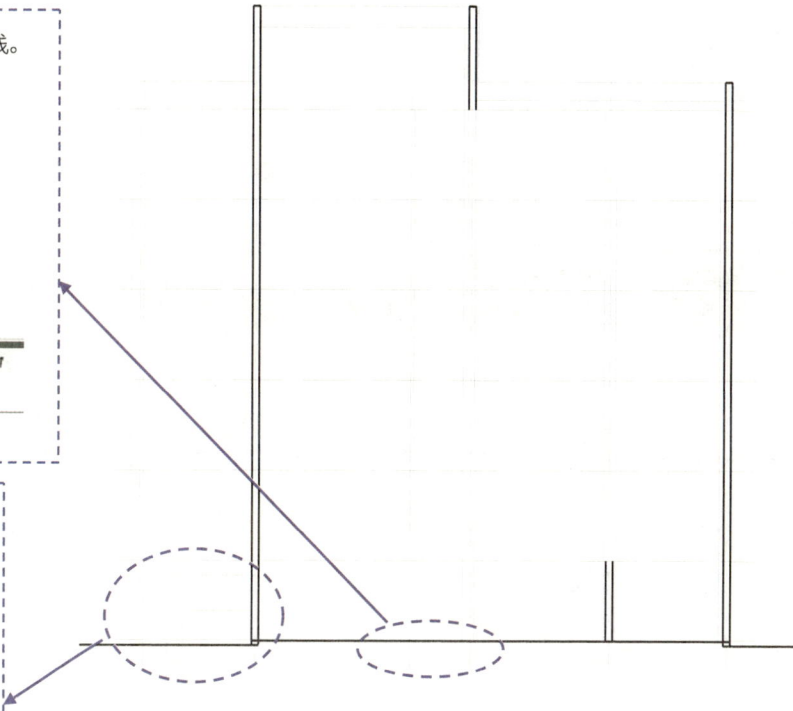

第六步 绘制梁板

绘制梁板。

1. 设置墙线图层为当前图层。
2. 执行偏移命令"O"，将轴线向下偏移距离 30，作为楼面线；楼面线再向下偏移尺寸 100，作为板底线，板厚 100；梁高尺寸 300。

3. 执行偏移命令"O"，将 C 轴往右偏移 4520。

4. 执行直线命令"L"，绘制梁。
5. 执行修剪命令"TR"，修剪楼板。

6. 选择偏移出的辅助线，利用图层管理器下拉菜单，选择为墙体图层。

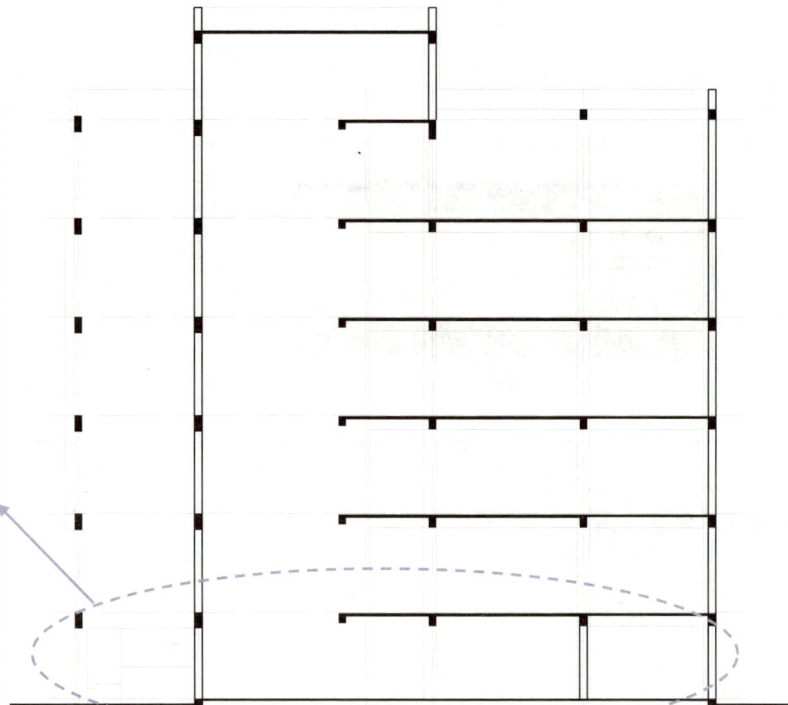

7. 执行填充命令"H"，对剖到的板、梁进行填充（填充区域注意封闭）。

第七步 绘制楼梯

绘制楼梯步骤 1。

1.执行偏移命令"O"，C 轴往右偏移 2000, 1680。第一条水平轴线往上偏移 1080。

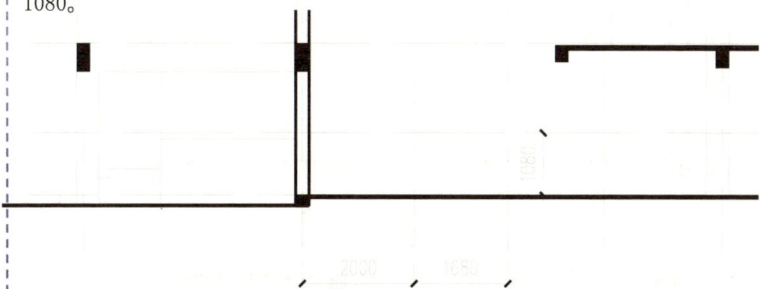

2.切换到楼梯图层，执行直线命令"L"，绘制踏步。

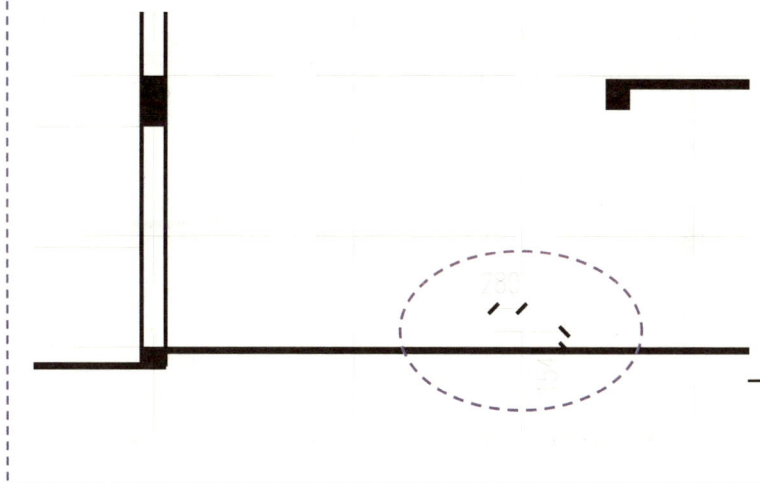

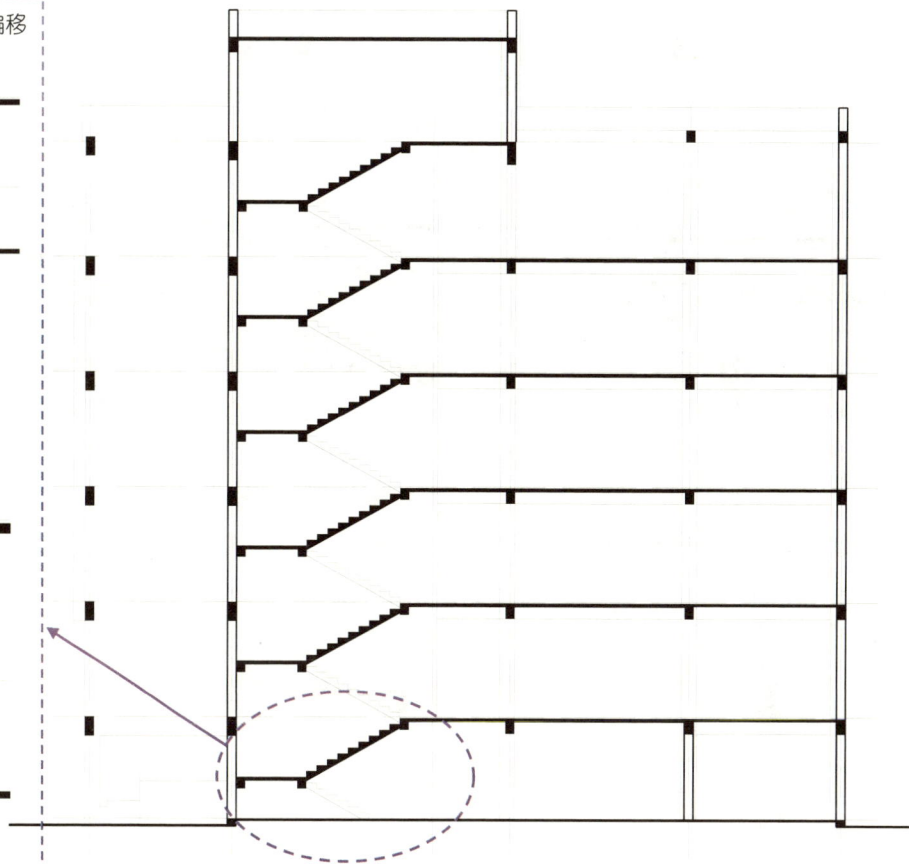

绘制楼梯步骤 2。

3. 执行复制命令"CO",复制踏步。执行直线命令"L",绘制休息平台板面线。

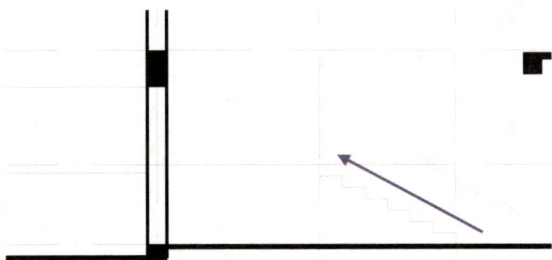

4. 执行删除命令"E",删除辅助轴线。

5. 执行偏移命令"O",休息平台线往下偏移 100。执行矩形命令"REC",绘制梯梁,梯梁尺寸 240×300。

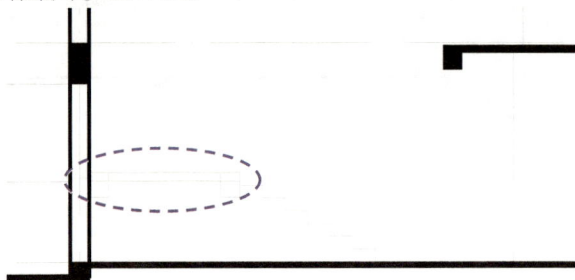

6. 执行偏移命令"O",绘制梯段板底斜线,往下偏移 100。

7. 删除原斜线,修剪偏移出的斜线。

8. 执行"L""CO"命令,绘制完成第二个梯段。

绘制楼梯步骤 3。

9. 此处线段如何封闭？

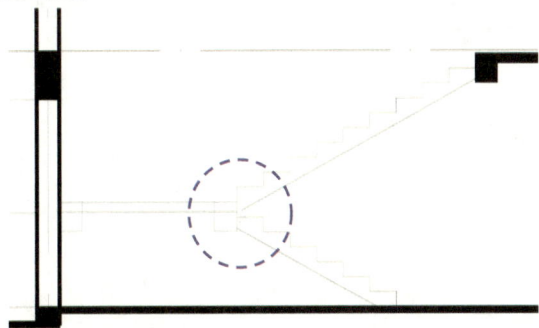

用"延伸"命令，快捷键 EX。

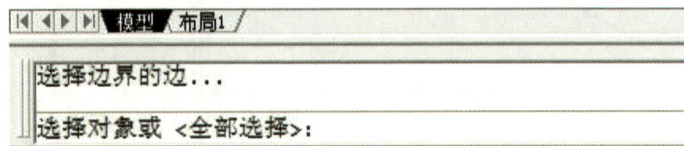

⏮ ◀ ▶ ⏭ 模型 ╲ 布局1 ╱
选择边界的边...
选择对象或 <全部选择>:

选择梯梁侧边，敲空格。

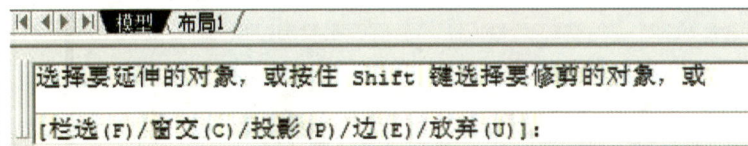

⏮ ◀ ▶ ⏭ 模型 ╲ 布局1 ╱
选择要延伸的对象，或按住 Shift 键选择要修剪的对象，或
[栏选(F)/窗交(C)/投影(P)/边(E)/放弃(U)]:

选择要延伸的斜线。

10. 执行"H"命令，填充梯段及休息平台板。用此方法完成其余楼梯的绘制。

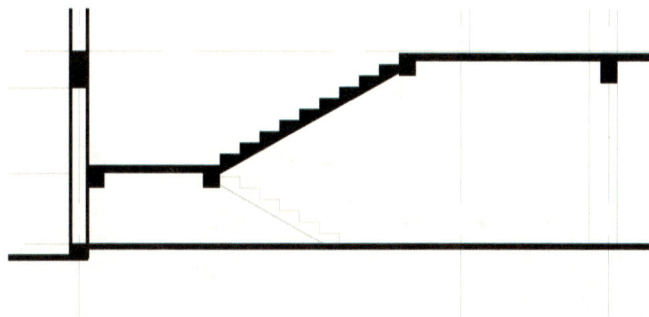

我们要养成边画图边保存的好习惯，及时按 Ctrl+s。

第八步　绘制门窗、栏杆

绘制门窗。

1. 偏移轴线。

2. 修剪墙线。执行"特性匹配"MA命令，将窗台的轴线匹配为墙线。

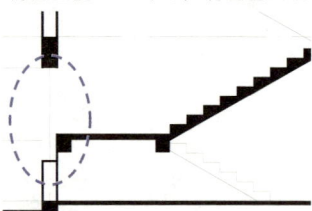

3. 绘制被剖切到的窗。

执行"直线"命令，在外墙定位线的窗洞位置绘制一条垂直的门线。

执行"偏移"命令，将窗线依次向内偏移三次80得窗的剖面图。

请用此法绘制其他门窗。

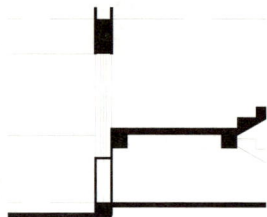

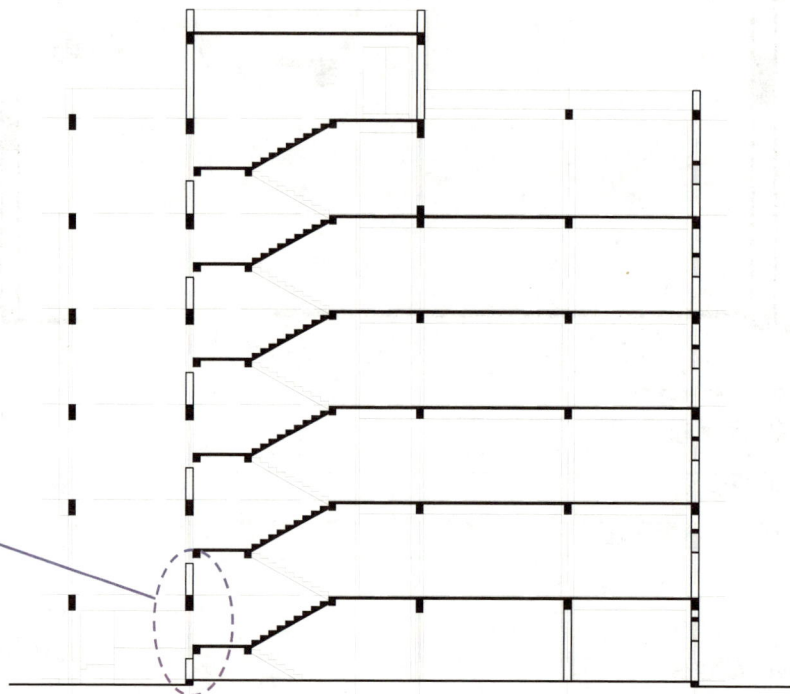

4. 执行矩形命令"REC"，绘制未剖到的门。　　5. 绘制过梁。

 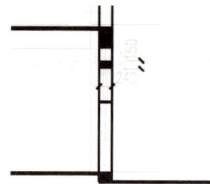

绘制栏杆、架空符号。

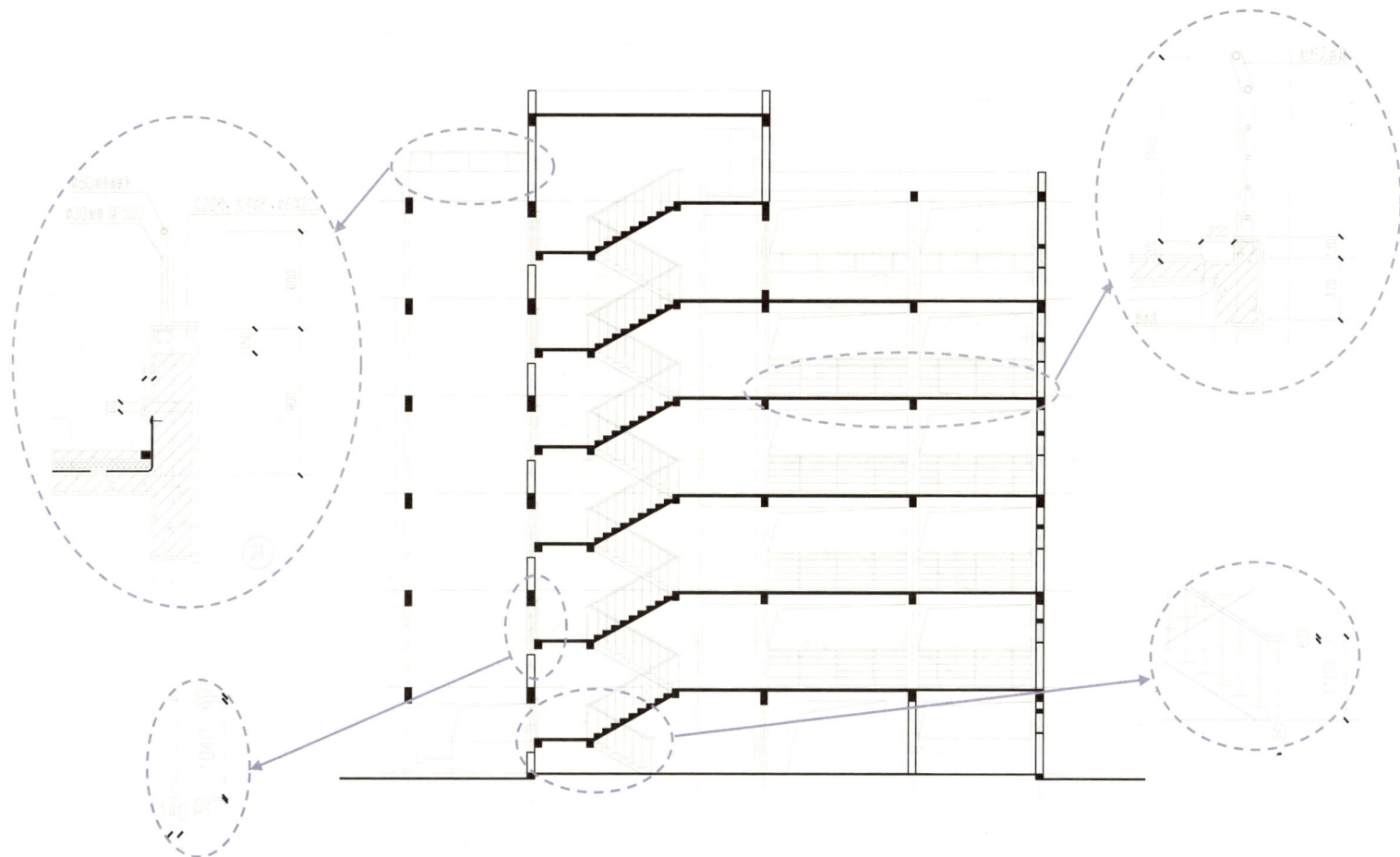

第九步　注写尺寸、标高、文字

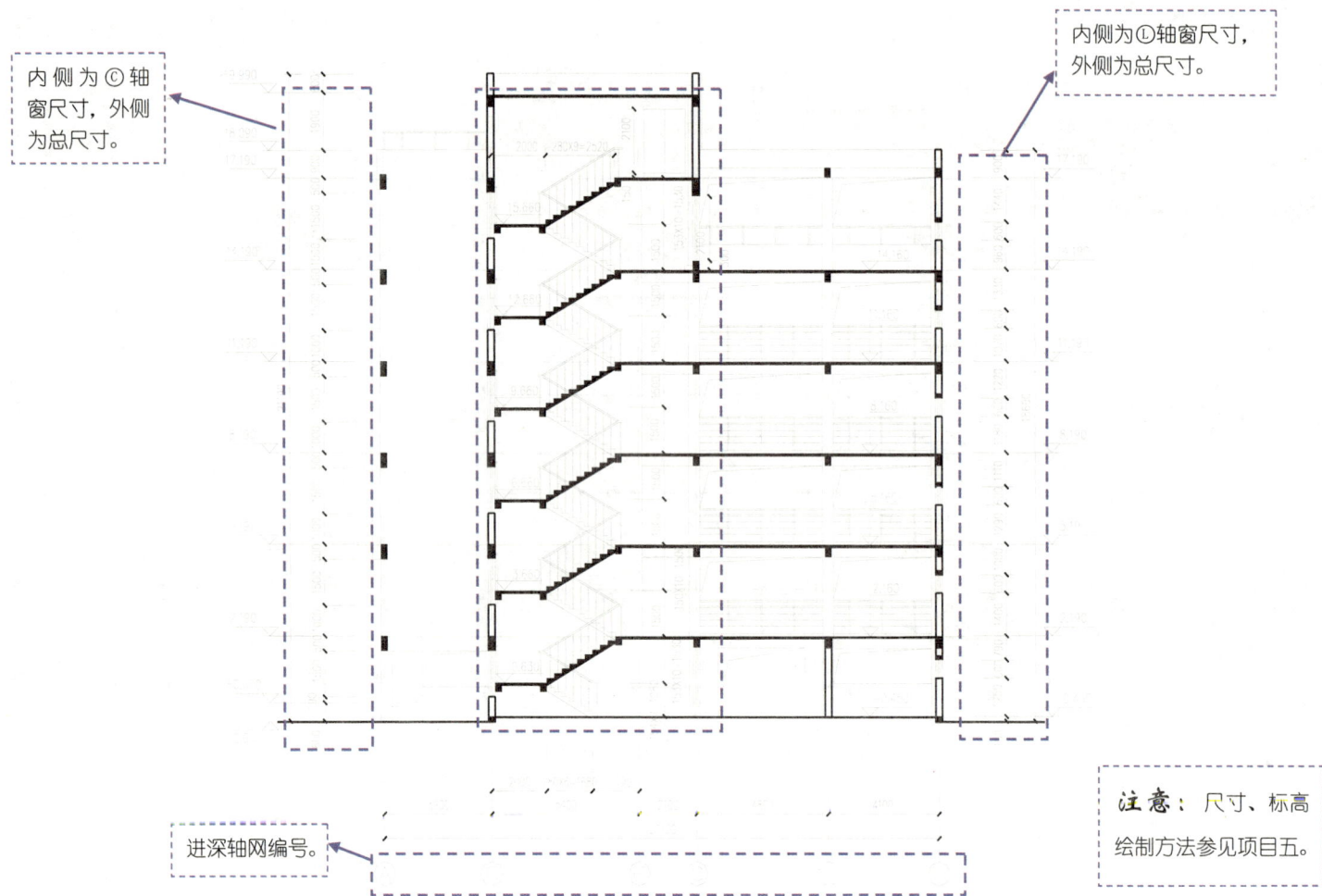

注写尺寸、标高、文字。

内侧为ⓒ轴窗尺寸，外侧为总尺寸。

内侧为Ⓛ轴窗尺寸，外侧为总尺寸。

进深轴网编号。

注意：尺寸、标高绘制方法参见项目五。

第十步 绘制图名、图框

注写图名，并依照绘制 2-2 剖面图的流程，完成 1-1 剖面图的绘制任务。全部完成后套用 A2+1/4 图框，最后完成标题栏的填写。

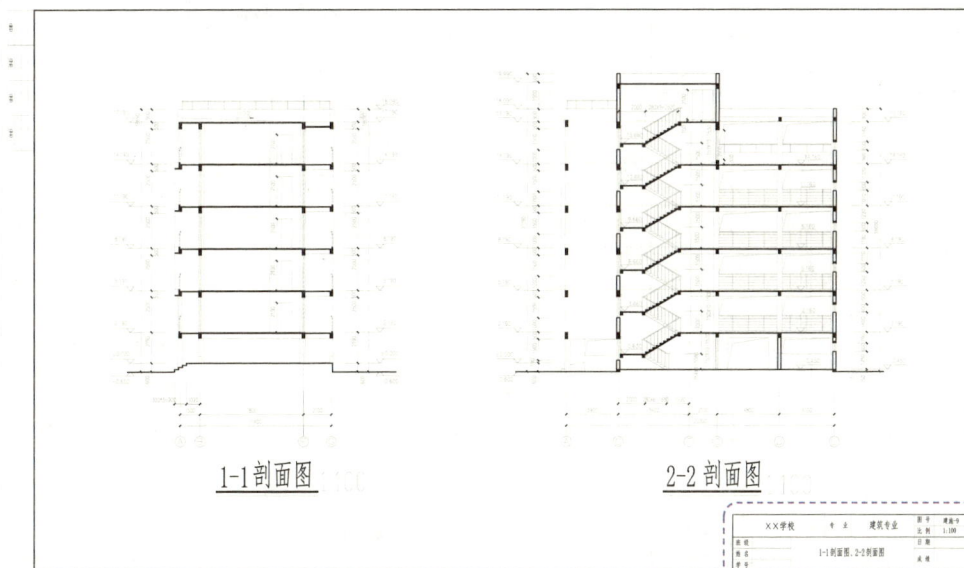

1-1 剖面图

2-2 剖面图

胜利完成任务！你真棒！

注意：1-1剖面图、2-2剖面图绘制好后画图框应注意布图要求。

××学校		专 业	建筑专业	图 号	建施-9
				比 例	1:100
班 级			1-1剖面图、2-2剖面图	日 期	
姓 名					
学 号				成 绩	

评一评

根据下面的评价表（如表 2-5），来给这次任务打个分数吧！

表 2-5　评价表

序号	评价主体	考核内容及要求	分值	请在相应分值栏内打钩			
1	学习组长	及时完成任务	10	10	8	6	4
2		在完成任务过程中，不打扰他人学习	5	5	4	3	2
3		能够积极与教师、同学沟通，弥补不足	5	5	4	3	2
4		有自我约束力，能静心绘图	5	5	4	3	2
5		能爱护计算机等实训设备	10	10	8	6	4
6	教师	环境设置正确合理	10	10	8	6	4
7		正确绘制墙线、门窗等构件	30	30	24	18	12
8		正确绘制楼梯	10	10	8	6	4
9		正确注写标高、尺寸标注、文字	10	10	8	6	4
10		按照要求规范操作	5	5	4	3	2
说明：每个单项有 4 个评分等级，分别以完全达到、达到、基本达到、不能达到为划分标准。如单项 5 分，则对应为 5 分、4 分、3 分、2 分			总分				

比一比

一层平面图绘制完成后，你可以与其他人比一比，看谁绘制的图更准确、美观。你可以和同学比，也可以和不认识的他或她比一比。请翻到附录"CAD 制图案例 3"，比拼一下，看看谁绘制得更好呢？

你已经完成了全部任务，希望回去多多练习！再见！

第三章　建筑施工图识读

☆项目八　建筑施工图识读入门

"图纸是工程师的语言。"一套完整的工程施工图，通常由建筑、结构、给排水、电气、暖通等多个专业的图纸组成。本教材主要讲解建筑施工图的识读入门，并选取平面图、立面图、剖面图作为具体的讲解样例。

建筑施工图识读入门流程：

| 1. 图纸的产生与分类 | ➡ | 2. 整理图纸 | ➡ | 3. 看图识物 | ➡ | 4. 了解概况 | ➡ | 5. 细看图纸 |

第一步 图纸的产生与分类

（一）建筑工程图的产生

建筑工程图就是将房屋的造型和结构用图形表达出来的一套图纸，是建造房屋的依据。通常建筑设计分为初步设计、技术设计和施工图设计三个阶段。在施工图设计阶段，为了满足建筑工程施工的各项具体技术要求，由设计人员提供一套图样，该图样即为房屋建筑施工图。其内容必须详细、完整，尺寸标注必须正确无误，绘制必须符合国家制图规范，如图3-1所示。

UDC

中华人民共和国国家标准　GB

P　　　　　　　　　　　　　GB/T50001—2017

建筑制图统一标准

Standard for architectural drawings

图 3-1　制图规范标准

（二）建筑施工图的分类

1. 按专业分

建造一幢房屋从设计到施工，要由许多专业、许多工种共同配合来完成。按专业分工的不同，施工图可分为以下几类。

（1）建筑施工图（简称建施，用 JS 表示）

主要用来表示房屋的规划位置、外部造型、内部布置、内外装修、细部构造、固定设施及施工要求等。它包括设计说明、总平面图、平面图、立面图、剖面图和详图（如门窗、楼梯、卫生间、节点等）。

（2）结构施工图（简称结施，用 GS 表示）

结构施工图主要表示房屋承重结构的布置，构件类型、数量、大小及做法等。它包括设计说明、基础图、柱结构布置图、梁结构布置图、板结构布置图和构件详图。

（3）设备施工图（简称设施）

设备施工图主要表示各种设备、管道和线路的布置、走向，以及安装施工要求等。设备施工图又分为给水排水施工图（水施，SS）、供暖施工图（暖施，NS）、通风与空调施工图（通施，NTS）、电气施工图（电施，DS）等。

2. 按纸质种类分

（1）硫酸纸

硫酸纸（如图3-2）质地坚实、密致而稍微透明，具有对油脂和水的渗透抵抗力强、不透气、湿强度大等特点，能防水、防潮、防油、杀菌、消毒。硫酸纸在存放时不可折叠，因为折叠后产生的痕迹晒成蓝图时会影响清晰度。

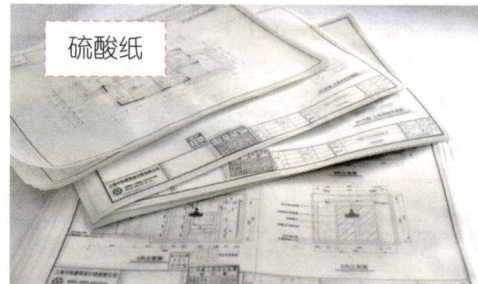

图 3-2　硫酸纸

（2）蓝图

蓝图（如图3-3）表面涂有由重氮盐和偶联剂等组成的感光涂料，是对工程制图的原图描图、晒图和熏图后生成的复制品。因用碱性物质显影后产生蓝底紫色的晒图效果，所以被称为"蓝图"。

（3）白图

白图（如图3-4）就是在白纸上直接打的图。国外近二十年的发展实践证明，随着计算机辅助设计的普及、电脑及网络技术的发展和成熟，白图替代蓝图是社会发展的必然趋势，是建设环保社会的必然要求。

图 3-3　蓝图

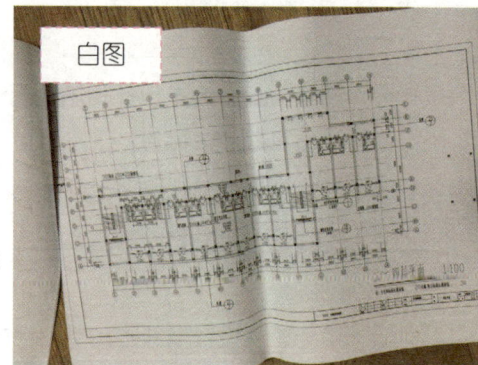

图 3-4　白图

蓝图是如何产生的，步骤如图3-5所示。

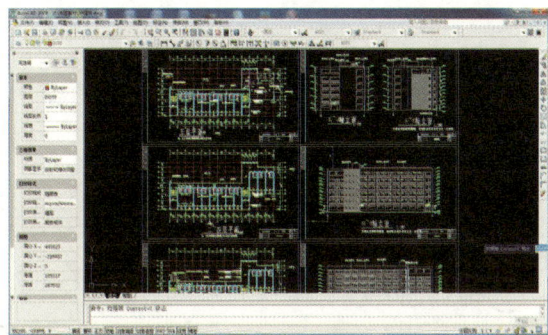

第一步　绘制 CAD 图　　　　第二步　打印成硫酸纸　　　　第三步　把硫酸纸晒成蓝图

图 3-5　蓝图产生步骤

3．建筑施工图的主要内容

（1）建筑平面图

假想用一水平的剖切面沿门窗洞的位置将房屋剖切后，对剖切面以下部分所做出的水平剖面图即为建筑平面图，简称平面图。它反映出房屋的平面形状、大小和房间的布置，墙或柱的位置、大小、厚度和材料，门窗类型和位置等情况，是施工图中最基本的图样之一。如图3-6所示。

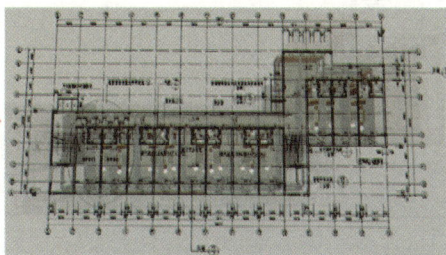

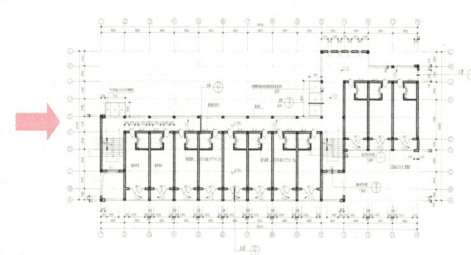

图 3-6　平面图产生步骤

与房屋立面平行的投影面上所做的房屋正投影图，称为建筑立面图，简称立面图。其中反映主要出入口或比较显著地反映出房屋外貌特征的那一面的立面图，称为正立面图，其余的立面图相应地称为背立面图和侧立面图。立面图也可按房屋的朝向命名，如南立面图、北立面图、东立面图和西立面图等。还可按轴线编号来命名。如图3-7所示。

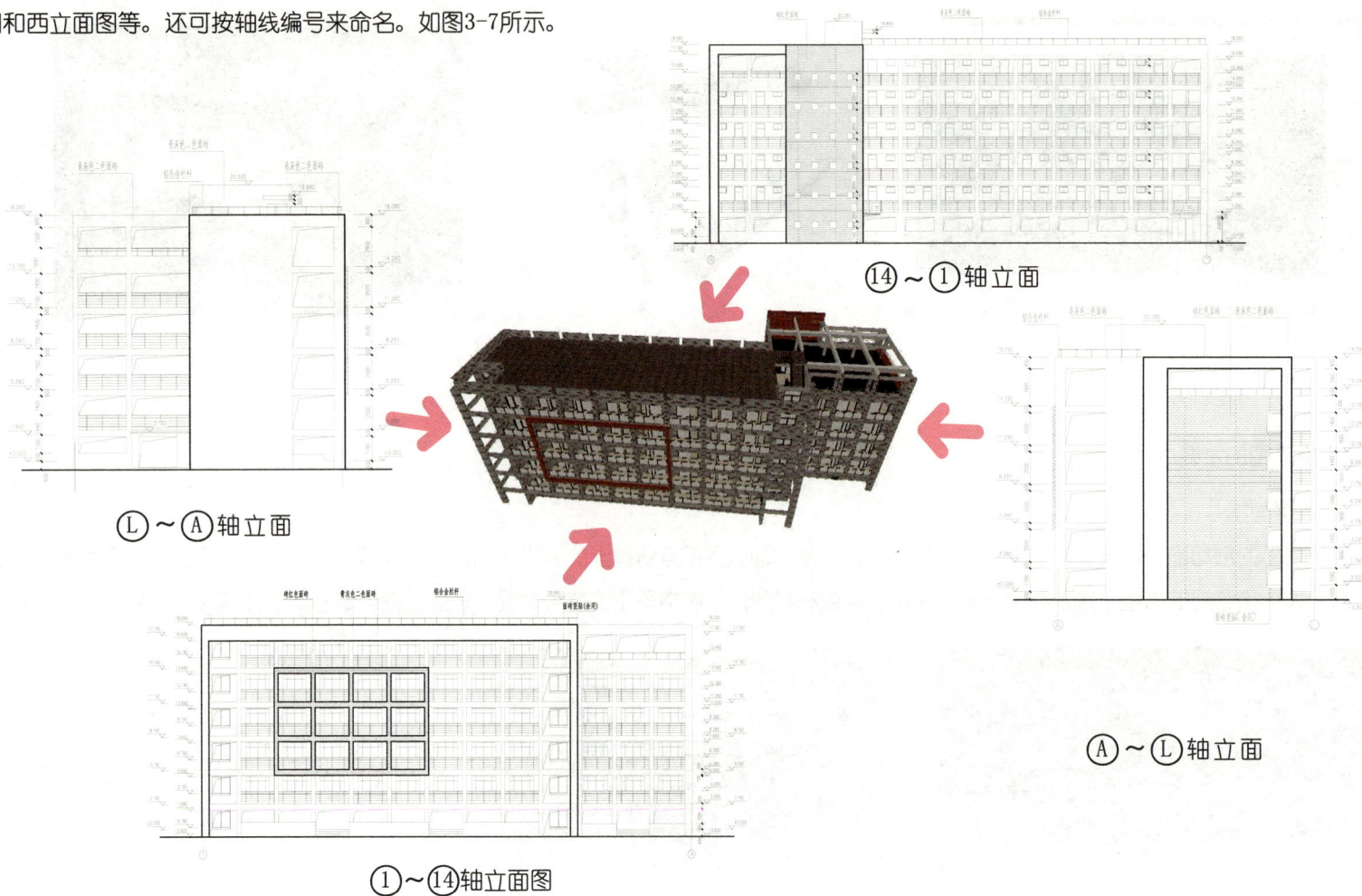

⑭～①轴立面

Ⓛ～Ⓐ轴立面

Ⓐ～Ⓛ轴立面

①～⑭轴立面图

图3-7 轴立面命名

（3）建筑剖面图

　　假想用一个正立投影面或侧立投影面的平行面将房屋剖切开，移去剖切平面与观察者之间的部分，将剩下部分按正投影的原理投射到与剖切平面平行的投影面上，得到的图称为剖面图。建筑剖面图用以表示建筑内部的结构构造，垂直方向的分层情况，各层楼地面、屋顶的构造及相关尺寸、标高等，内部构造较为复杂，如图3-8所示。

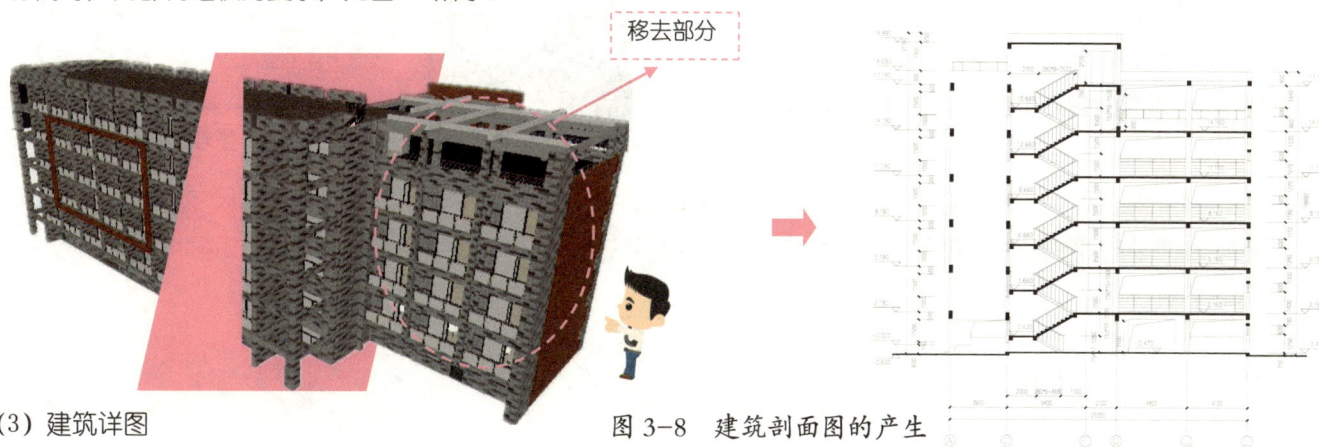

图 3-8　建筑剖面图的产生

（3）建筑详图

　　房屋的细部或构件、配件用较大的比例将其形状、大小、材料和做法，按正投影图的画法详细地表示出来的图样，称为建筑详图，简称详图，如图3-9所示。

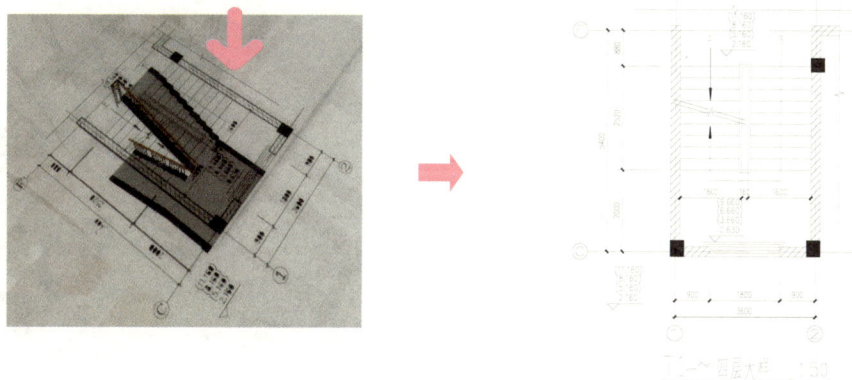

图 3-9　建筑详图的产生

第二步 整理图纸

1. 整理图纸

首先根据图纸目录依次进行整理，检查图纸是否齐全，如有缺失应记下缺失图号。图号可在标题栏中查询，如图3-10所示。在工作过程中，图纸经常会因多次使用而被打乱，因此需要经常整理，重要的图纸还应注意做好保密工作。

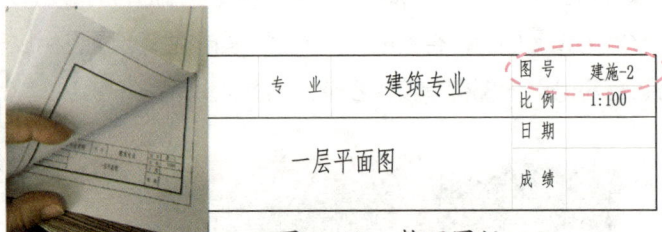

专业	建筑专业	图 号	建施-2
		比 例	1:100
		日 期	
一层平面图		成 绩	

图 3-10　整理图纸

2. 折叠图纸

图纸折叠分归档（装订）和不归档（不装订）两类。将图纸折成手风琴风箱式，折叠后图幅尺寸应以A4图纸基本尺寸（297 mm×210 mm）为标准，图标及竣工图章露在外面。如图纸需要归档，那么在装订边297 mm处折一个三角或剪一个缺口，折进装订边，如图3-11所示。

A2图纸折叠成A4大小的标准方法：

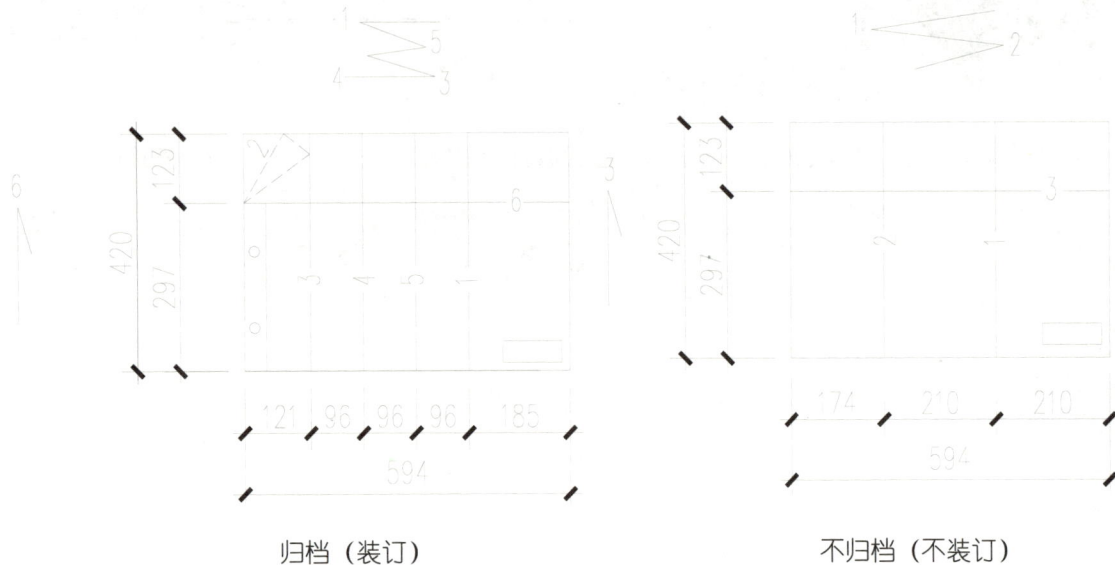

归档（装订）

不归档（不装订）

图 3-11　折叠图纸

会了吗？请折一折吧！

3.配齐图集

建筑工程施工图中，设计的原理及依据来自相关的建筑规范，而有些建筑构配件、节点详图等常选用标准图集或通用图集。这些被选定的规范、图样也是工程施工图的组成部分。为了便于工作，应对施工图中出现或用到的相关图集、规范进行收集整理，汇总成表格后逐一配齐。

5.2 楼面：一层楼面结构板下加设20厚(X150)挤塑板保温层，做法见 02J121-IPA4,1.
卫生间为地砖楼面，见 2000浙J37P11,22
(地砖规格为300*300对缝贴置洗室地砖规格为600*600)
卫生间现浇板沿墙身上翻200.所有卫生间结构板加2厚聚氨酯防水涂料。
其余房间均为本色水磨石楼面，见 2000浙J37P7,11 (1000*1000铜条分格)。
楼梯结构板上预制花岗岩面层，防滑条做法见 2001浙J43P65,11

图集目录表

序号	图 集 名 称	图 集 编 号	备注
1	《建筑地面》	2000 浙 J37	
…	…	…	

第三步 看图识物

对于初学者，图物对照着看比较易于理解。进行外观对比认知，大致了解建筑物的大小、形状、立面效果等。一般可以从外到内看：

1.一看外部（如图3-12所示）

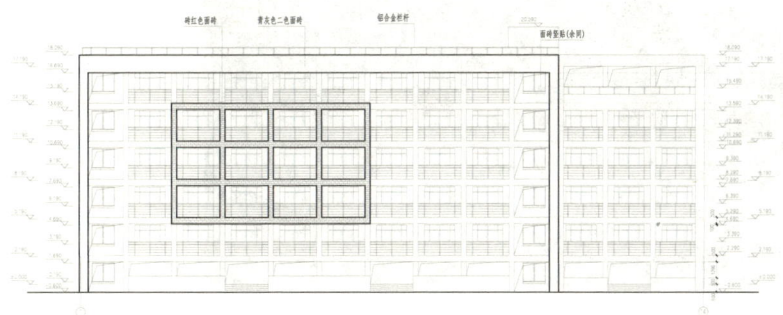

①～⑭轴立面图

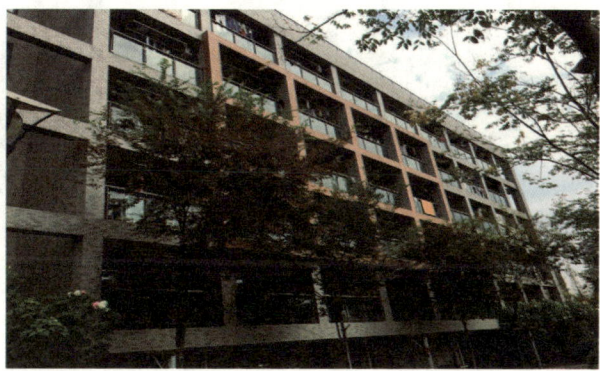

图 3-12 看①~⑭轴立面的外部

2. 二看内部（如图3-13）

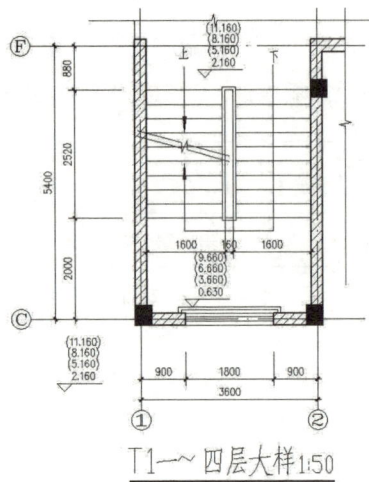

T1~~四层大样 1:50

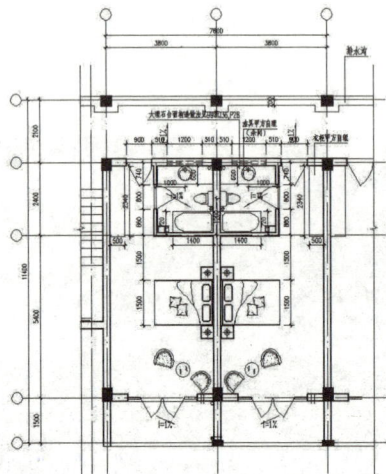

楼梯

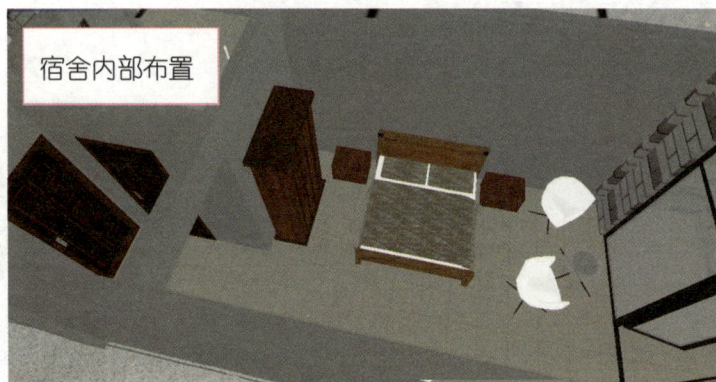

宿舍内部布置

图 3-13　看图内部

第四步　了解概况

拿到图纸后，先粗略地翻一遍，了解该工程的建筑用途、位置、平面形式、立面造型、层数、建筑面积等，对图样工程建立起一个初步概念。为了便于了解概况，请完成下列任务。

任务一：翻看了图纸后，请讲出建筑施工图中所有图纸的名称，并讲述其含有的信息。

任务二：请完成轴网信息表（如表3-1）。

表3-1　轴网信息表（mm）

序号	开间轴号	尺寸	左进深轴号	尺寸	右进深轴号	尺寸
1	1—2	3600	A—B	1500	A—B	1500
2	2—3		B—C		B—C	
3	3—4		C—F		C—E	
4	4—5		F—G		E—G	
5	5—6		G—J		G—J	
6	6—7		J—L		J—K	
7	7—8				K—L	
8	8—9					
9	9—10					
10	10—11					
11	11—12					
12	12—13					
13	13—14					
汇总	总开间		总左进深		总右进深	

注：轴网信息读取时，建筑平面图与结施柱图结合识读，并以结施柱图为主要依据

任务三：请完成楼层信息表（如表3-2）。

表3-2　楼层信息表

楼层标号	楼层建施标高	楼层层高
1	±0.000	
2	2.190	
3		
4		
5		
6		
屋面1		
屋面2		

注：1. 楼层层高在计算时，依据建施标高或结施标高可能会有不同结果，两者都可取值。

　2. 识读建施标高时，最简便的方法是识读建施剖面图。具体图例请看附录。

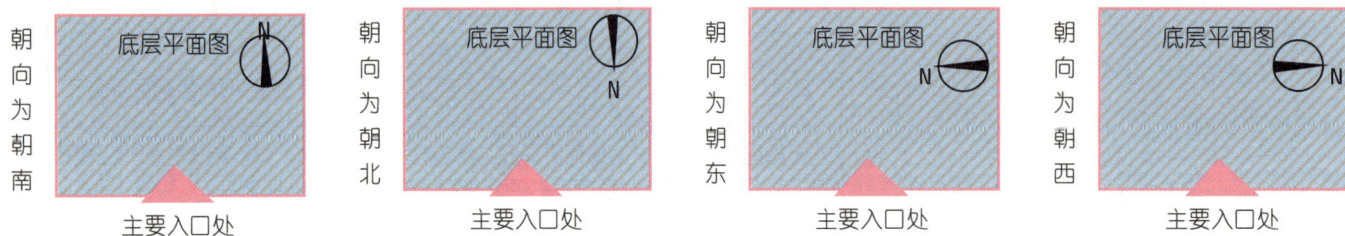

1-1 剖面图　　2-2 剖面图

第五步　细看图纸

1. 细看建筑平面图（以一层平面图为例）

（1）了解图名、比例和朝向

该图属于一层平面图，比例为1:100。建筑物朝向是指主要入口的朝向。由于不是底层平面，因此没有指北针，无法判断朝向。

找一找判断朝向的小技巧！

朝向为朝南　底层平面图　N　主要入口处

朝向为朝北　底层平面图　N　主要入口处

朝向为朝东　底层平面图　N　主要入口处

朝向为朝西　底层平面图　N　主要入口处

图3-14　底层平面图的朝向和入口

前面的几个会了吗？现在试一试难点的！

朝南偏东

难度增加！

朝南偏东

根据这几个案例，你们找到了朝向快速判断的小技巧了吗？读图者旋转图纸使图纸上的指北针指向正北方，然后看主要入口的朝向即为建筑物朝向。

（2）了解建筑物的外形尺寸和建设规模

本建筑外轮廓总长 49240 mm，总宽 20540 mm。

（3）了解房屋的平面布置和功能划分

本层平面图中主要功能为教师宿舍，共 11 间，每间配有独立卫生间及阳台。宿舍开间 3800 mm，进深 7800 mm。除此之外，本层共有两部楼梯，开间皆为 3600 mm，同时拥有朝北走廊。

（4）了解各部分尺寸、标高

一般在建筑平面图上，尺寸均为未装修的结构表面尺寸，如门窗洞口尺寸等。

外部尺寸一般在图四周注写三道尺寸：第一道是外包尺寸，它是建筑的总长总宽；第二道尺寸是定位轴线尺寸，用以说明房间的开间及进深尺寸；第三道尺寸是门窗洞口等细部尺寸。除此之外，室外的台阶、雨篷等应另外局部标注。

内部尺寸一般包括建筑室内房间的尺寸、门窗尺寸等。

本层建筑物的宿舍标高为 2.190 m，走廊标高为 2.160 m。

（5）了解门窗的位置及编号

在建筑平面图中，只能反映出门窗的位置、数量和宽度尺寸，而他们的高度尺寸、开启方式等是无法表达的，因此采用代号标注。如门代号中会有 M，窗代号中会有 C。本图中，门有 JMC-1、JM-1、8ZM0821，窗有 C-1、JC-1、JC-2。以 JMC-1 为例，完成表3-3。

表3-3 门窗代号、数量和宽度

名称	JMC-1	JM-1	8ZM0821	C-1	JC-1	JC-2
宽度	2400					
数量	11					

（6）了解相关符号和附属构造配件

在底层平面图上观察剖面图的剖切符号，了解剖切位置，以便与有关剖面图对照识读。虽然本次图样不是底层平面图，没有剖切符号，但是为了便于理解，在一层平面图中也加入了1-1剖面图、2-2剖面图剖切符号。

图样中有多个索引符号，请找出后填入表3-4，并补充完整。

表3-4　图的索引符号和说明

序号	索引符号	说明	序号	索引符号	说明
1	共建 ①/①	共建第1页第1个节点详图	4	共建 ㉑/②	
2	共建 ⑯/②		5		共建第2页第22个节点详图
3		共建第2页第18个节点详图			

图样中共有玻璃钢雨篷2个，请找出后填入表3-5。

表3-5　玻璃钢雨篷的相关信息

序号	雨篷尺寸	所在位置	备注
1	3120×1920（长×宽）	①—②/Ⓖ	由相关具备资质的机构安装制作
2			

图样中有符号"✓"，绘制在需要排水的楼地面，如阳台、走廊。本图样中，排水坡度 i=1%。除此之外，还应注意图样中有多处引出线，并注写文字内容，如"窗台高1800"等信息。

2. 细看建筑立面图（以①~⑭轴立面图为例）

（1）了解图名、比例

本图样采用轴线编号命名，选取首、尾两个轴号作为图名。

（2）了解建筑物立面外形和细部构造

通过立面图看整个建筑物外貌形状，包括装饰做法，也可了解该建筑物的屋面、门窗、阳台等细部的形式和位置。本图样中采用了红色面砖、青灰色二色面砖作为墙面装饰砖。

（3）了解外墙面上的门窗情况

通过立面图可了解外墙面上的门窗位置、高度尺寸、数量及立面形式，有些还会画出开启方式。本图样中，①轴右侧的窗 JC-1，从下到上，第一个窗的底标高 0.190，窗顶标高 1.690，窗高 1500 mm，以此类推。下面是平开与推拉的区别，请注意区分，如图3-15所示。

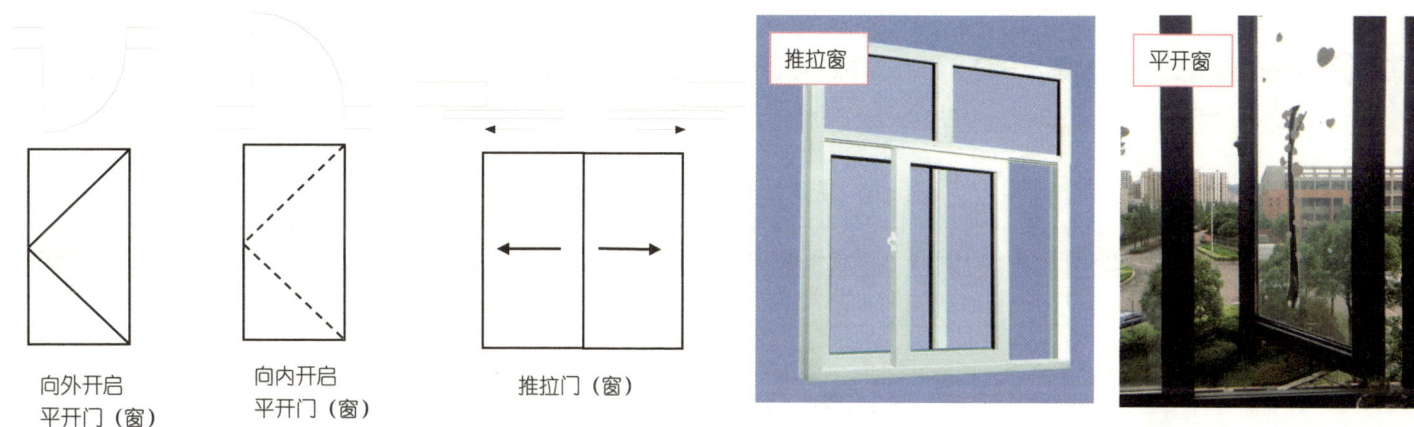

图 3-15 平开与推拉的区别

(4) 了解尺寸标注及文字说明

竖直方向尺寸一般有室内外高差、门窗洞口高度、一些装饰线尺寸等。如本图样中洞口高度 为1290 mm。水平方向尺寸一般不标注。标高主要有两列，内侧一列标注门窗或主要构件的标高，外侧一列主要标注层高。除此之外，立面中可以加必要的文字说明及索引符号。

3. 细看建筑立面图（以2-2剖面图为例）

（1）了解剖切位置、图名和比例

首先判断出剖面图剖切位置和投射方向。在本图样中，以剖切位置线为分割线，把右边部分移去，从右到左做正投影。一般被剖切到的构件应画上图例材料，当比例≥1:100 时，混凝土构件可用涂黑表示。

（2）剖切到的构配件位置、形状及其图例

主要包括室外地面、台阶、散水、楼地面天棚、剖切到的内外墙及其门窗、梁、柱、楼梯、雨篷、阳台等。

（3）未剖切到的可见部分

主要包括可见的墙面及凹凸轮廓、柱、梁、阳台、雨篷、门、窗、台阶、可见的楼梯段等。

（4）了解建筑物的各部位尺寸和标高情况

建筑剖面图外墙的竖向尺寸一般也标注三道：第一道门窗洞口尺寸，第二道层高尺寸，第三道总高尺寸。也可根据实际情况来标注。如本图样中只用了一道门窗洞口尺寸。除了外部尺寸，也可标注内部尺寸。如本图样中标注了楼梯尺寸。请识读本图样楼梯，把相关信息填入表3-6。

表 3-6 建筑物的各部位尺寸和标高情况

梯段	踏面尺寸	数量	踢面高度	数量	休息平台标高
第1梯段	280	6	154	7	0.630、3.660、6.660、9.660、
第2梯段					12.660、15.660
第3—11梯段	280	9（每段）	150	10（每段）	
第12梯段					

建筑剖面图中的水平尺寸一般标注两道：第一道进深尺寸，第二道总进深尺寸。与进深尺寸对应处还应标注轴网编号。剖面图与立面图不同，立面图只需标注首、尾两个轴网号，剖面图则需要标注全部轴网号。

第四章　看图辨对错

看图辨对错

根据判断，请在每张图的下方括号内打上"√"或"×"。

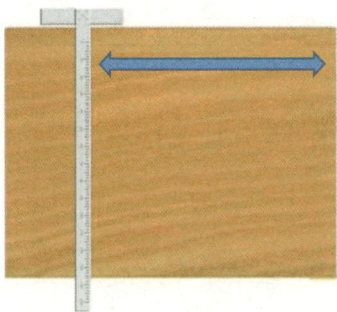

1. 如此使用丁字尺（　　）

2. 在丁字尺这边画线（　　）

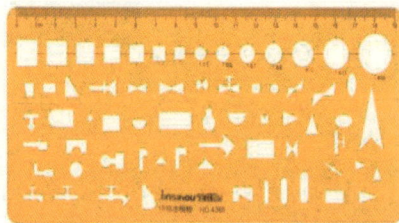

3. 买的建筑模板（　　）

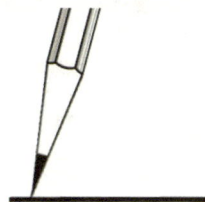

4. 画线时，笔削尖（　　）

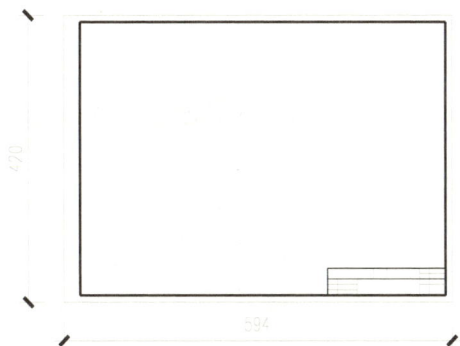

5. A2 图框（　　）

A1：594×841

6. A2 图纸用 A1 图板（　　）

好好想一想。。。

133

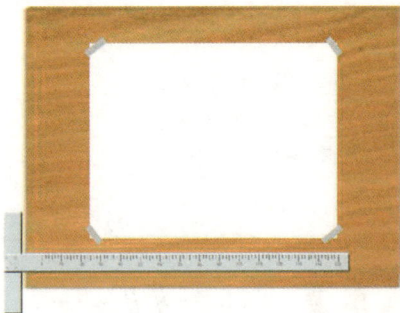

7. 如此固定图纸 （　　）

8. 用手扫橡皮屑 （　　）

名称		线型	线宽
实线	粗	▬▬▬	b
	中	▬▬	0.5b
	细	──	0.25

9. 线宽组 （　　）

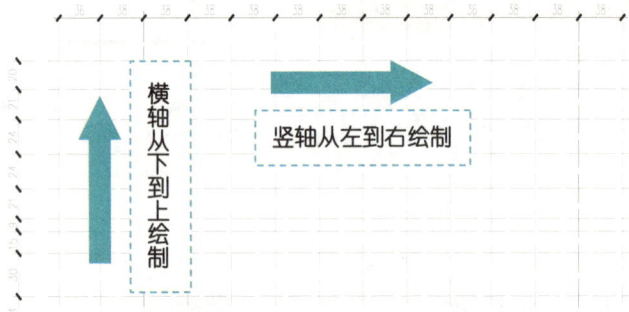

横轴从下到上绘制

竖轴从左到右绘制

10. 画轴网如此顺序 （　　）

11. 画好的图用干净纸盖住 （　　）

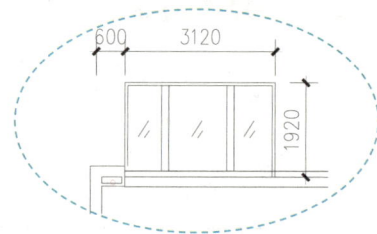

12. 这个是雨篷 （　　）

13. 轴网如此画 （　　）

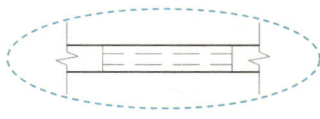

14. 普通推拉窗 （　　）

图距尺寸 10 mm
实际尺寸 1000 mm
比例为 1:100

15. 比例换算 （　　）

图距尺寸 100 mm
实际尺寸 20 mm
比例为 1:5

16. 比例换算 （　　）

17. 如此画线条（   ）

18. 索引符号（   ）

比例 1：100 时，
柱子涂黑 ■

19. 柱子图例（   ）

20. 如此画图框线（   ）

21. 本次图样的图幅是 A2+1/4，尺寸如图（   ）

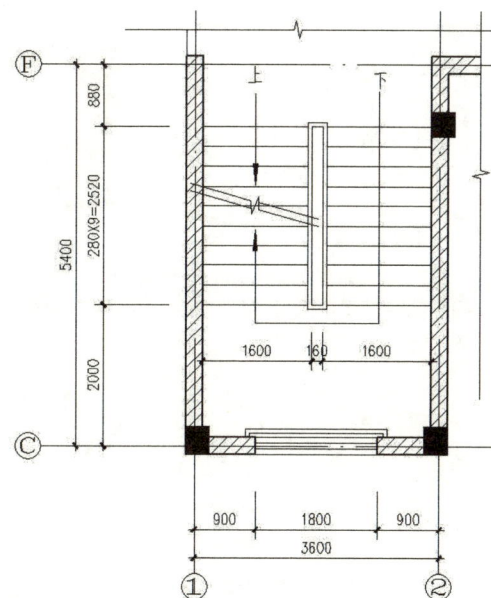

22. 楼梯踏步宽 280 mm（   ）

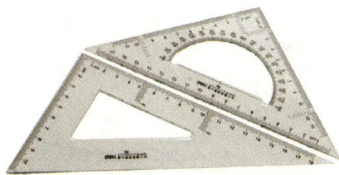

23. 绘图后尺子很干净，不需要清理（   ）

剖切索引符号，剖视方向"↑"

24. 对吗（   ）

±0.000

45° ≥15° 4b~5b

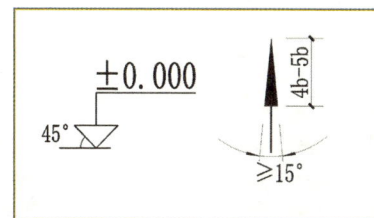

25. 标高、尖头绘制（   ）

26. 如此画尺寸起止符（　　）

27. 注写时的站位（　　）

28. 注写时的站位（　　）

尺寸主要由尺寸四要素组成：尺寸数字、尺寸界线、尺寸线、起止符号。

29. 尺寸四要素（　　）

30. 如此注写尺寸（　　）

31. 如此注写尺寸（　　）

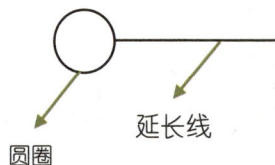

圆圈　　延长线

32. 轴网编号圆圈直径 12 mm（　　）

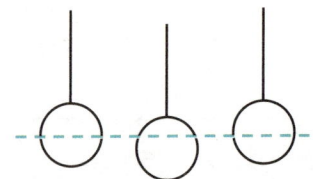

33. 如此画轴网编号圆圈（　　）

102
IOZ

34. 都可以做轴网编号（　　）

轴网编号圆圈在手工尺规制图时的直径取 7—10 mm。在 CAD 制图时，直径大小根据比例换算成相应直径。

35. 解释对吗（　　）

结构施工图（简称结施，用 JS 表示），主要表示房屋承重结构的布置、构件类型、数量、大小及做法等。

36. 解释对吗（　　）

37. 硫酸纸可以折叠（　　）

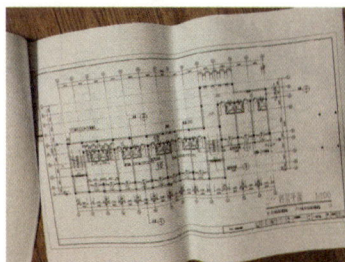

38.白图将代替蓝图（　　　）

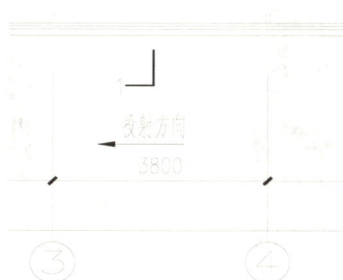

39.如此剖视方向（　　　）

40.推拉窗（　　　）

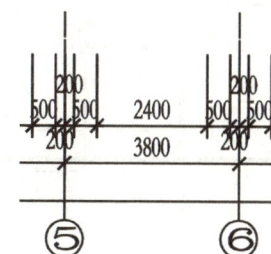

41.轴网进深3800 mm（　　　）

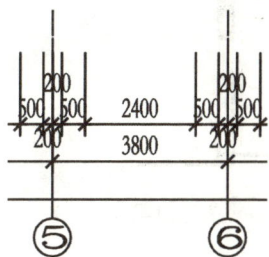

42.轴网开间3800 mm（　　　）

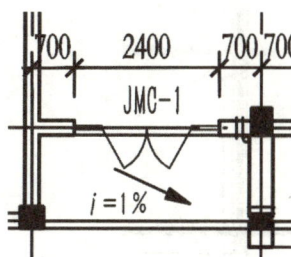

43.双平开门编号JMC-1（　　　）

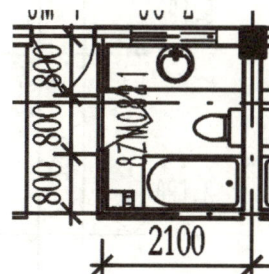

44.卫生间进深2100 mm（　　　）

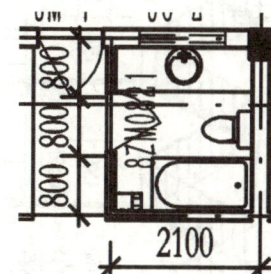

45.卫生间门宽900 mm（　　　）

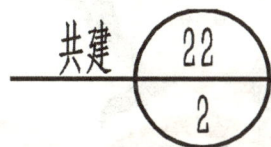

46.在第2页上的第22个详图（　　　）

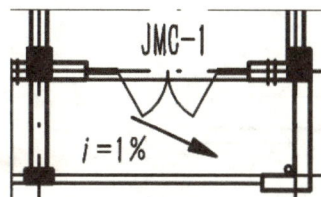

47.一层平面图中共有阳台11个（　　　）

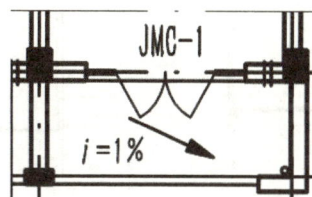

48.阳台有排水坡度1%（　　　）

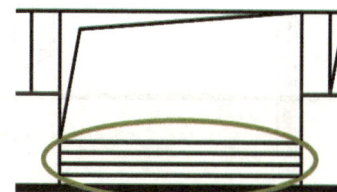

49.圈出的部分为台阶（　　　）

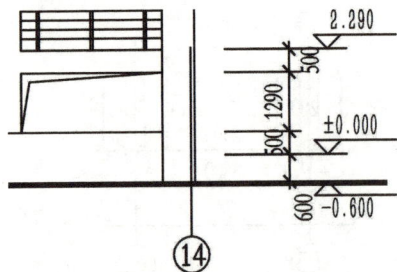

50.该洞口高1290 mm（　　）

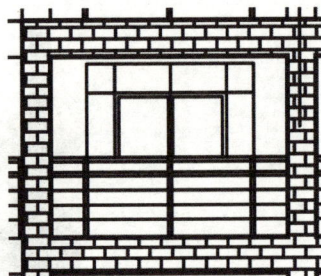

51.该墙面用的是青灰色面砖（　　）

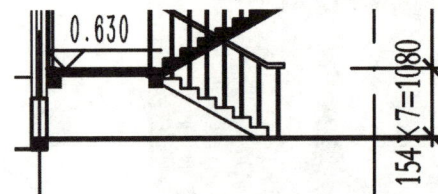

52.踏步高154 mm,有7个（　　）

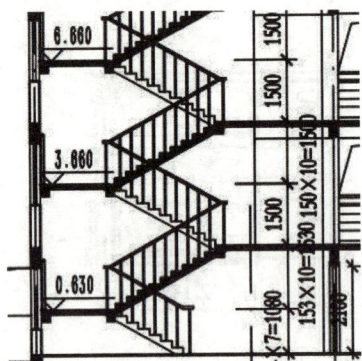

53.该图中3.660为休息平台标高（　　）

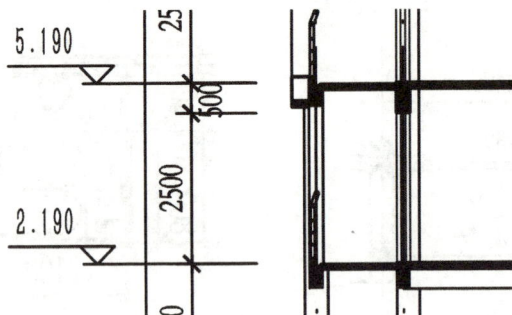

54.该图中层高为2500 mm（　　）

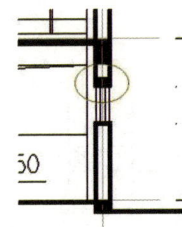

55.圈起来涂黑的为过梁（　　）

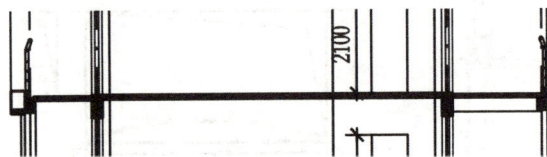

56.涂黑的为楼板及梁（　　）

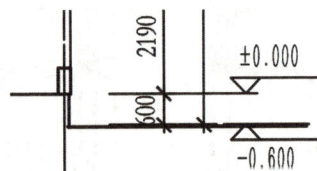

57.室外地坪标高为-0.600（　　）

附 录

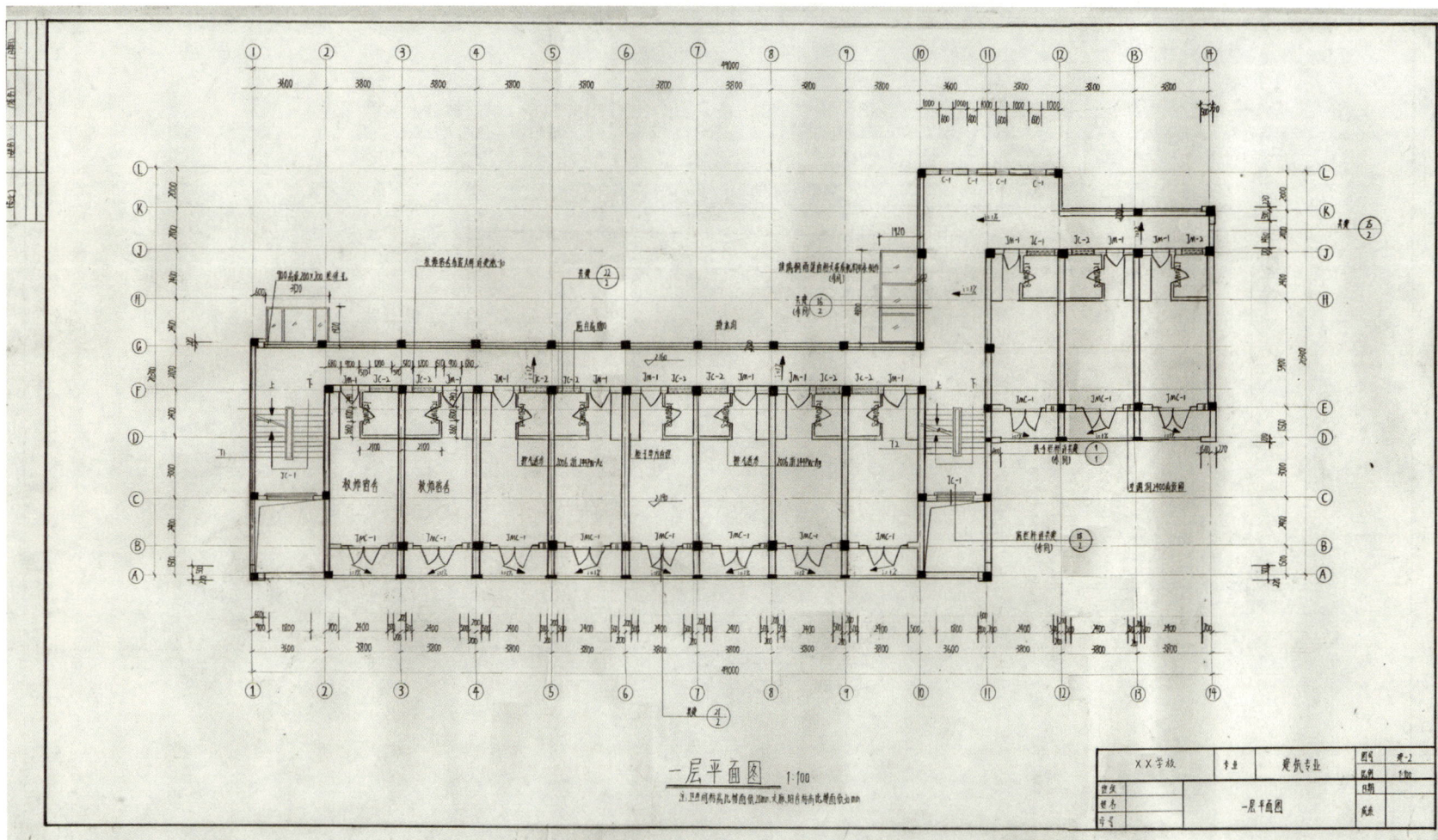

一层平面图 1:100

附图1 手工尺规制图案例1

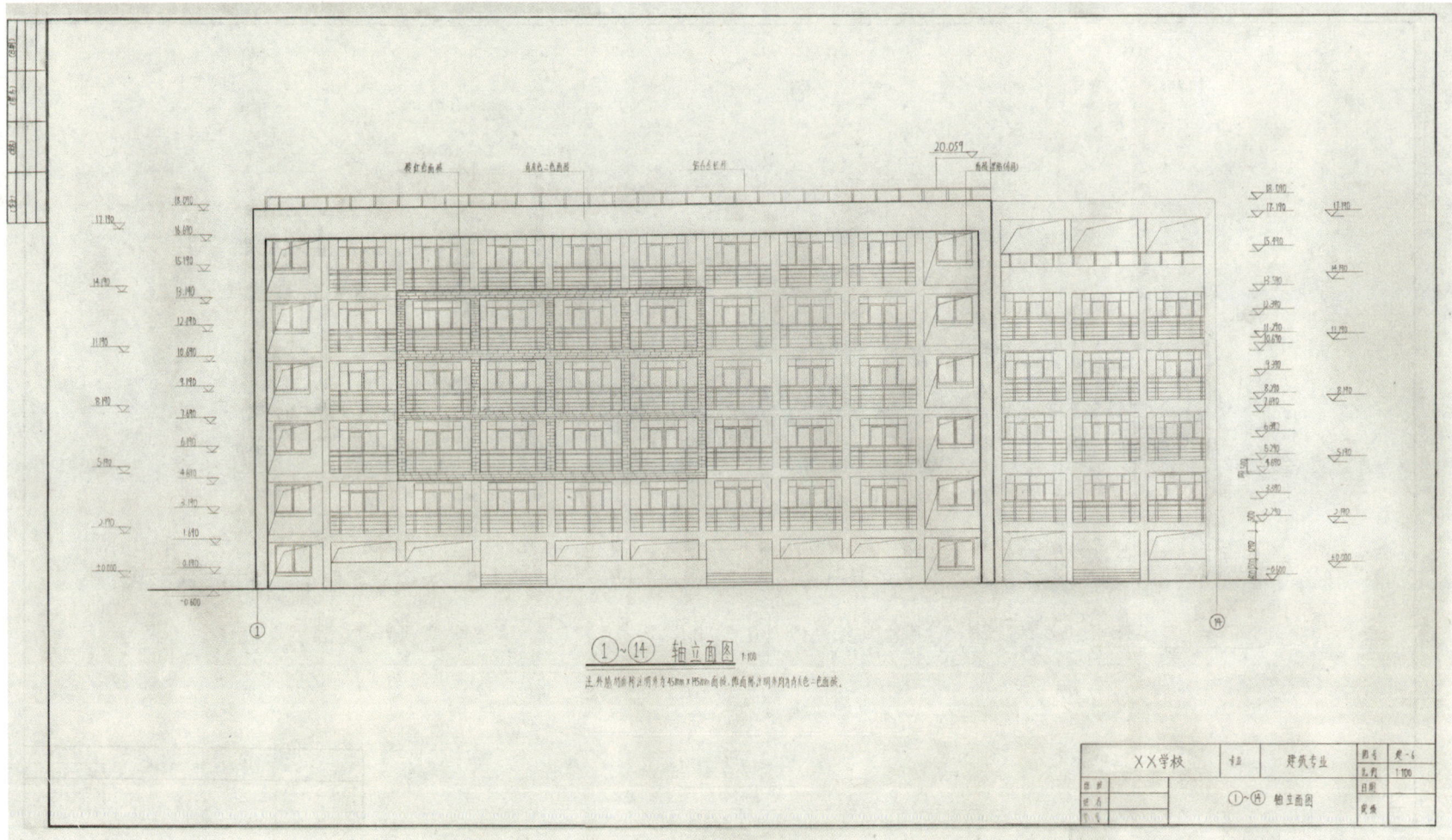

①～⑭ 轴立面图 1:100

附图 2　手工尺规制图案例 2

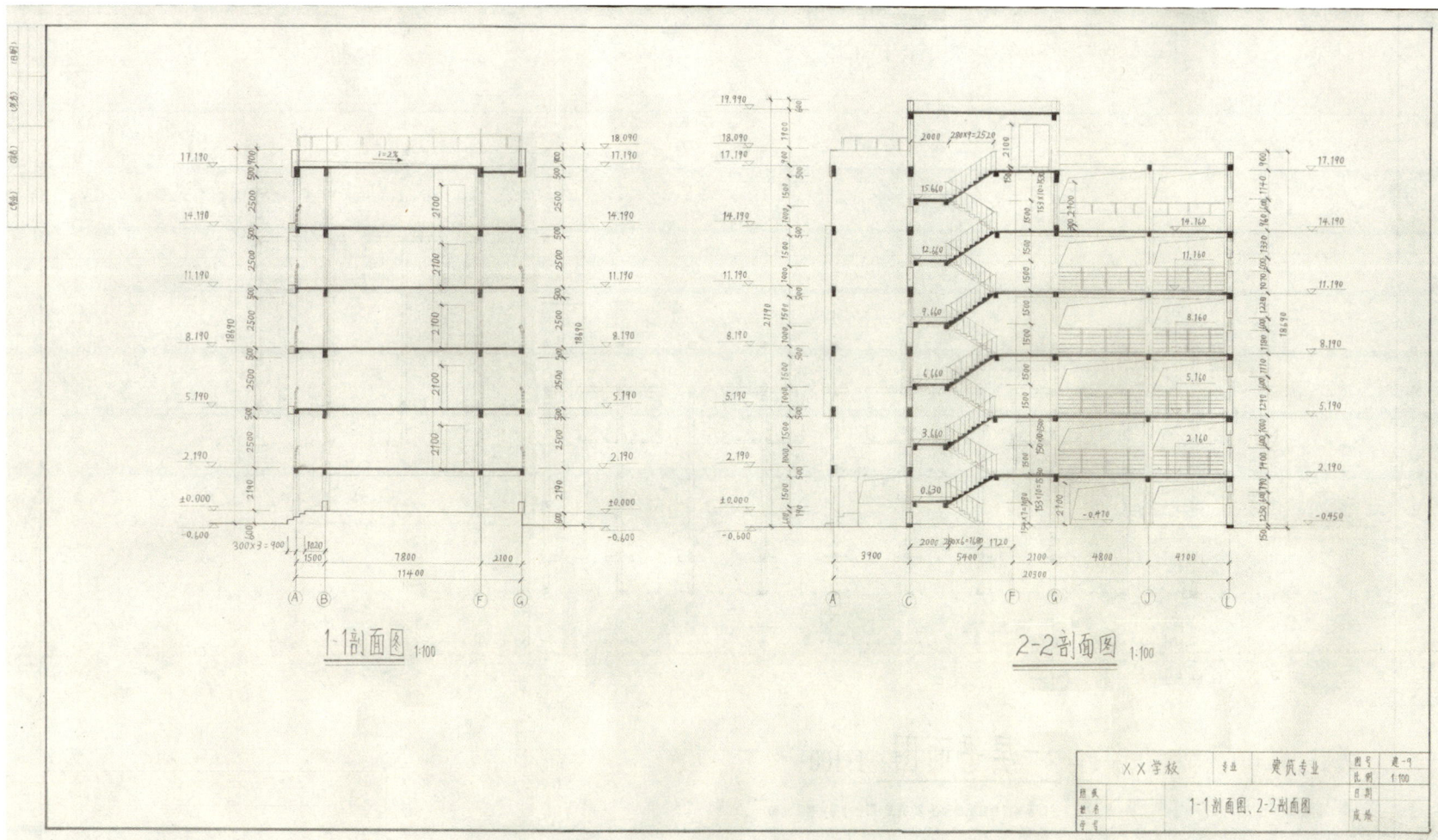

附图3 手工尺规制图案例3

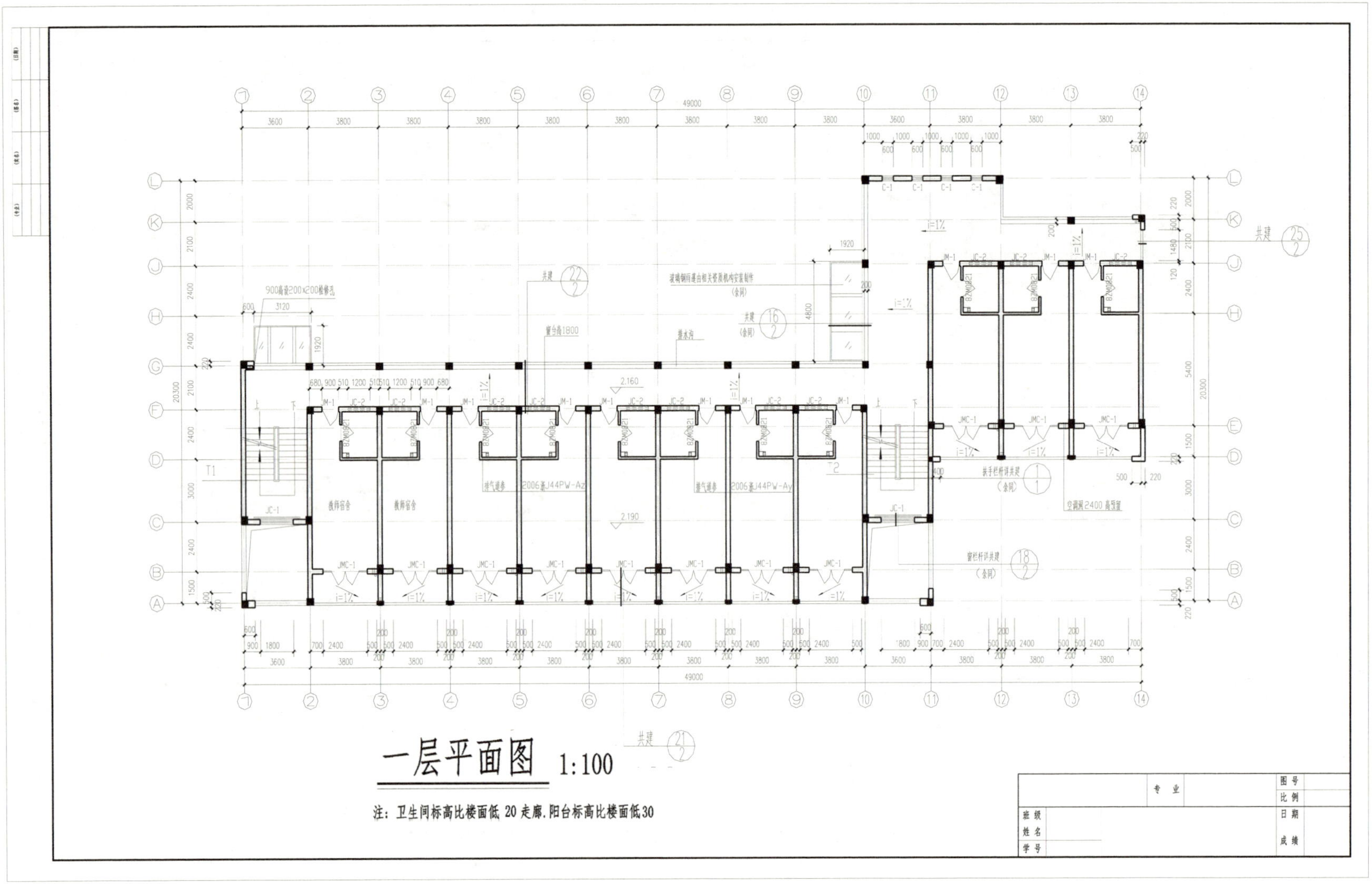

一层平面图 1:100

注：卫生间标高比楼面低 20 走廊,阳台标高比楼面低30

附图4　CAD 制图案例1

砖红色面砖　　　青灰色二色面砖　　　铝合金栏杆

面砖竖贴(余同)

20.590

18.090
17.190
16.690
15.190
14.190
13.690
12.190
11.190
10.690
9.190
8.190
7.690
6.190
5.190
4.690
3.190
2.190
1.690
±0.000
0.190
-0.600

18.090
17.190
15.490
14.190
13.590
12.390
11.290
11.190
10.690
9.390
8.290
8.190
7.690
6.390
5.290
5.190
4.690
3.390
2.290
2.190
±0.000
-0.600

①　　⑭

①～⑭ 轴立面图 1:100

注：外墙材质除注明外为45×145mm面砖，饰面除注明外均青灰色二色面砖。

××学校	专 业	建筑专业	图 号	建施-6
班级			比 例	1:100
姓名		①～⑭ 轴立面图	日 期	
学号			成 绩	

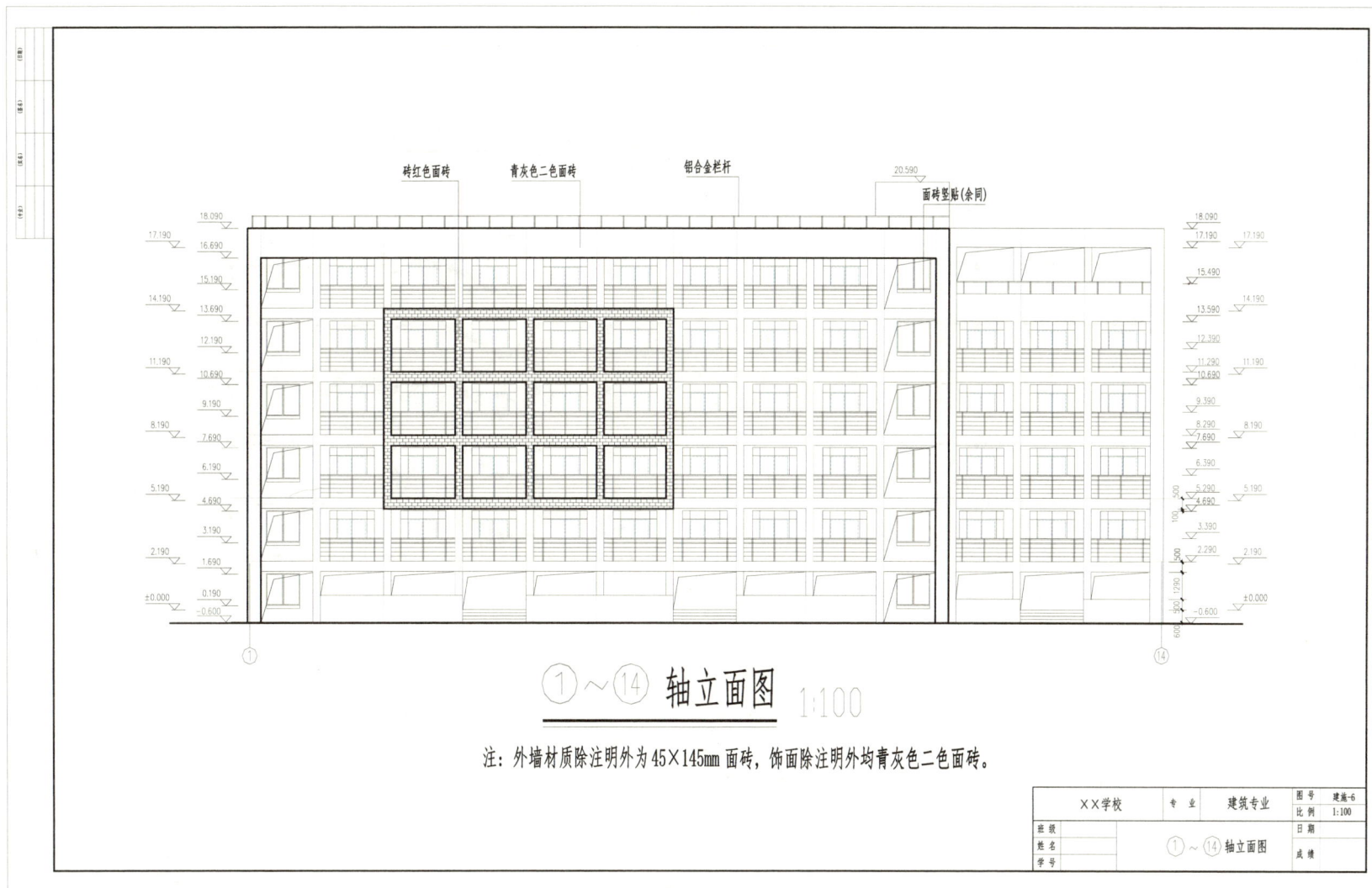

附图 5　CAD 制图案例 2

143

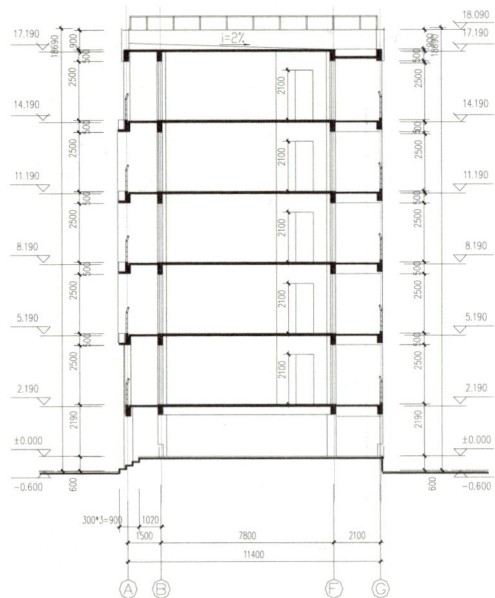

1-1剖面图 1:100

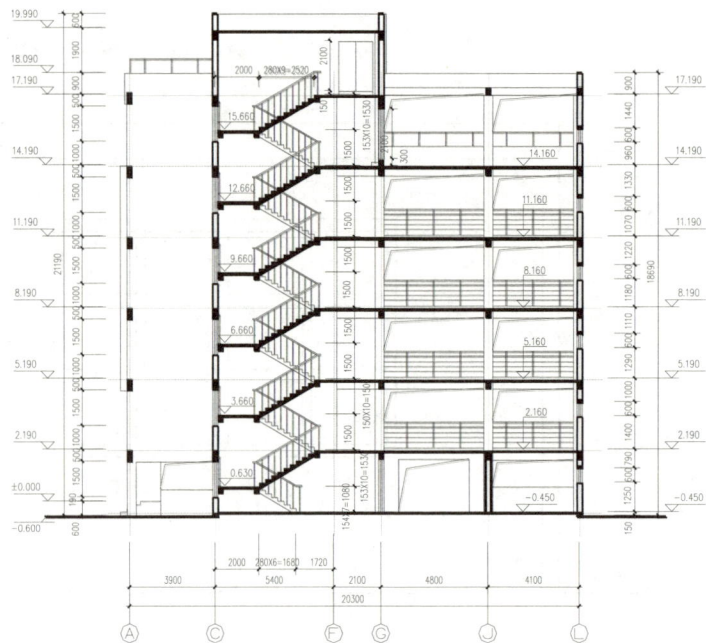

2-2剖面图 1:100

××学校	专 业	建筑专业	图 号	建施-9
			比 例	1:100
班级			日 期	
姓名		1-1剖面图、2-2剖面图		
学号			成 绩	

附图6　CAD制图案例3

附表1 常用总平面图图例

序号	名 称	图 例	说 明
1	新建建筑物	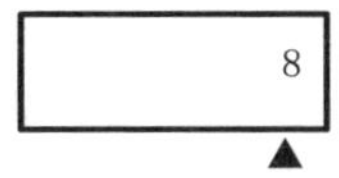 8 ▲	1. 需要时，可用▲表示出入口，可在图形内右上角用点数或数字表示层数 2. 建筑物外形（一般以±0.00高度处的外墙定位轴线或外墙面线为准）用粗实线表示。需要时，地面以上建筑用中粗实线表示，地面以下建筑用细虚线表示
2	原有建筑物		用细实线表示
3	计划扩建的预留地或建筑物		用中粗虚线表示
4	拆除的建筑物		用细实线表示
5	铺砌场地		
6	水池、坑槽		也可以不涂黑
7	新建的道路	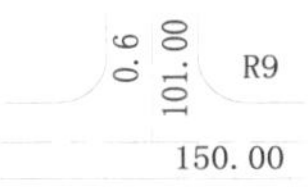 0.6 101.00 R9 150.00	"R"9 表示道路转弯半径为9m，"150.00"为路面中心控制点标高，"0.6"表示0.6%的纵向坡度，"101.00"表示变坡点间距
8	拆除的道路		

序号	名 称	图 例	说 明
9	桥梁		1. 上图为公路桥，下图为铁路桥 2. 用于旱桥时应注明
10	台阶		箭头表示下坡方向
11	地表排水方向		
12	室内标高	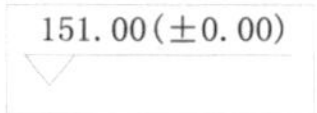 151.00(±0.00)	
13	室外标高	 ▼	室外标高也可采用等高线表示
14	指北针	 北	
15	风向频率玫瑰图	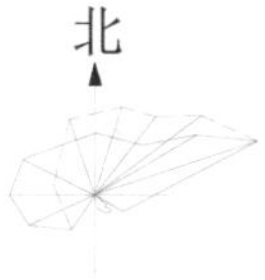 北	

145

附表2 常用建筑材料图例

续 表

序号	名 称	图 例	说 明
1	自然土壤		包括各种自然土壤
2	夯实土壤		
3	砂、灰土		靠近轮廓线有较密的点
4	砂砾石、碎砖、三合土		
5	石材		包括岩层、砌体、铺地、贴面等材料
6	毛石		
7	普通砖		包括砌体、砌块 断面较窄，不易画出图例线时，可涂红
8	耐火砖		包括各种耐酸砖等
9	空心砖		包括各种多孔砖
10	饰面砖		包括铺地砖、马赛克、陶瓷锦砖、人造大理石等
11	混凝土		本图例仅适合于能承重的混凝土及钢筋混凝土
12	钢筋混凝土		包括各种强度等级、骨料、添加剂的混凝土。 在剖面图上画出图例时，不画图例线 断面图形小，不易画出图例线时可涂黑

序号	名 称	图 例	说 明
13	毛石混凝土		
14	多孔材料		包括水泥珍珠岩、沥青珍珠岩、泡沫混凝土、非承重加气混凝土、蛭石制品、软木等
15	纤维材料		包括麻丝、玻璃棉、矿渣棉、木丝板、纤维板等
16	泡沫塑料材料		包括聚苯乙烯、聚乙烯、聚氨酯等多孔聚合物类材料
17	木材		
18	金属		包括各种金属 图形小时可涂黑
19	液体		注明具体液体名称
20	玻璃		包括平板玻璃、磨砂玻璃、夹丝玻璃、钢化玻璃、中空玻璃、夹层玻璃、镀膜玻璃等
21	防水材料或防潮层		构造层次多或比例较大时，采用上面图例
22	粉刷		本图例采用较稀的点
23	焦渣、矿渣		包括与水泥、石灰等混合而成的材料

附表 3 常用建筑构配件图例

序号	名 称	图 例	说 明
1	墙体		应加注文字或填充图例，表示墙体材料，在项目设计图纸说明中列材料图例表给予说明
2	隔断		包括板条抹灰、木制、石膏板、金属材料等隔断 适用于到顶与不到顶隔断
3	栏杆		
4	底层楼梯	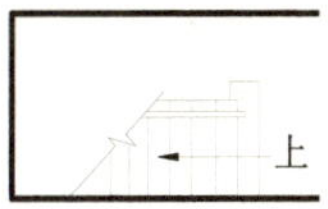	
5	中间层楼梯	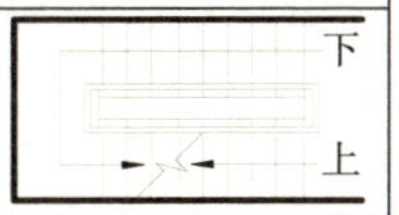	楼梯的形式及步数应按实际情况绘制
6	顶层楼梯	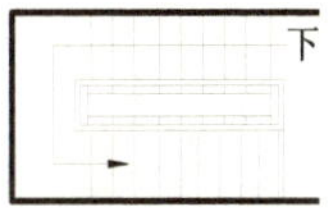	
7	长坡道	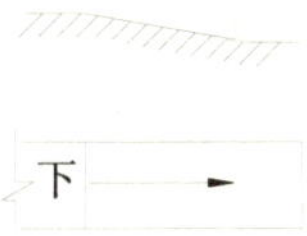	

序号	名 称	图 例	说 明
8	平面高差		适用于高差小于 100 mm 的两个地面或楼面相接处
9	门口坡道	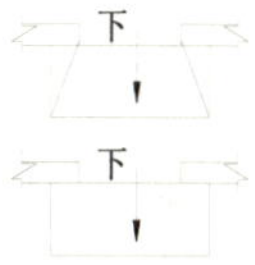	
10	检查孔		左图为可见检查孔 右图为不可见检查孔
11	孔洞		阴影部分可以涂色代替
12	坑槽		
13	墙上留洞	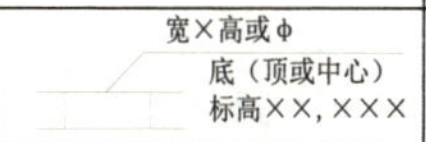 宽×高或φ 底（顶或中心） 标高××.×××	以洞中心或洞边定位 宜以涂色区别墙体和留洞位置
14	墙顶留槽	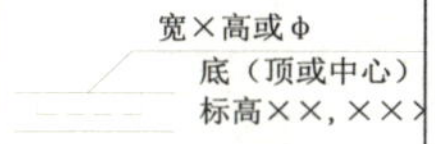 宽×高或φ 底（顶或中心） 标高××.×××	
15	烟道	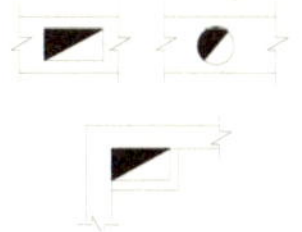	阴影部分可以涂色代替 烟道与墙体为同一材料，其相接处墙身线应断开
16	通风道	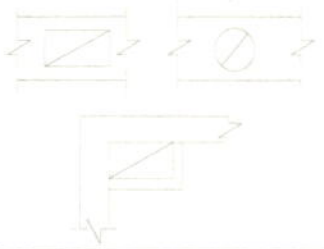	

17	新建的墙和窗	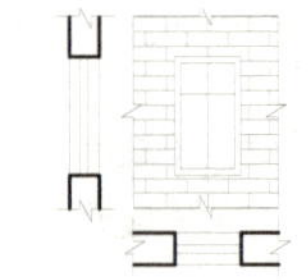	本图以小型砌块为图例,绘图时应按所用材料的图例线,不易以图例绘制的,可在墙面上以文字或代号注明。 小比例绘图时,平、剖面窗线可用单粗实线表示
18	空门洞	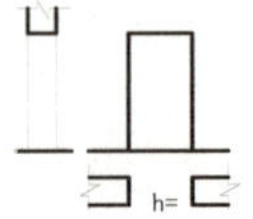	h 为门洞高度
19	单扇门(包括平开或单面弹簧)	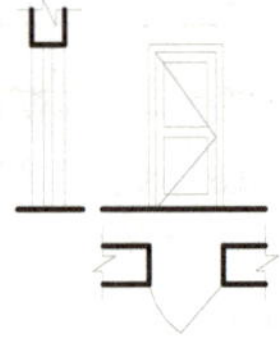	门的名称代号用 M 图例中剖面图左为外、上为内 立面图上开启方向线交角的一侧为安装合页的一侧,实线为外开,虚线为内开 平面图上门线应90°或45°开启,开启弧线宜绘出 立面图上的开启线在一般设计图中可不表示,在详图及室内设计图上应表示 立面形式应按实际情况绘制
20	双扇门(包括平开或单面弹簧)	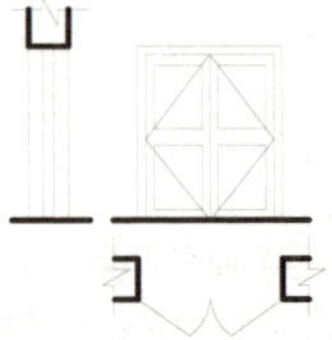	
21	对开折叠门	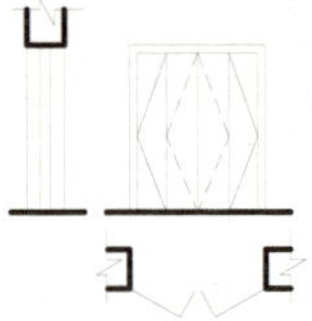	
22	推拉门	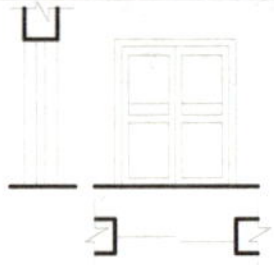	门的名称代号用 M 图例中剖面图左为外、右为内,平面图下为外、上为内 立面形式应按实际情况绘制

23	墙外单扇推拉门	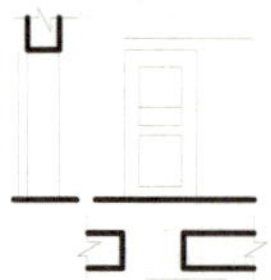	门的名称代号用 M 图例中剖面图左为外、右为内,平面图下位外、上为内 立面形式应按实际情况绘制
24	墙外双扇推拉门	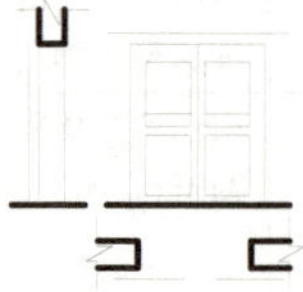	
25	墙中单扇推拉门		门的名称代号用 M 图例中剖面图左为外、右为内,平面图下为外、上为内 立面形式应按实际情况绘制
26	墙中双扇推拉门		
27	单扇双面弹簧门	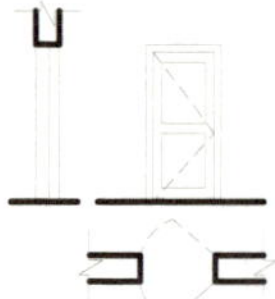	门的名称代号用 M 图例中剖面图左为外、右为内,平面图下为外、上为内 立面图上开启方向线交角的一侧为安装合页的一侧,实线为外开,虚线为内开 平面图上门线应90°或45°开启,开启弧线宜绘出 立面图上的开启线在一般设计图中可不表示,在详图及室内设计图上应
28	双扇双面弹簧门	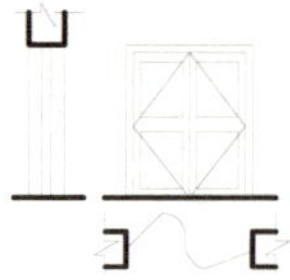	

29	单扇内外开双层门（包括平开或单面弹簧）	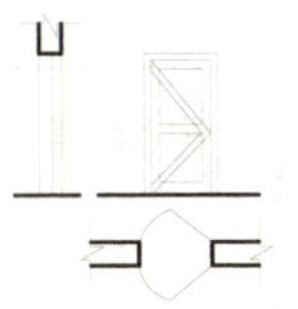	表示 立面形式应按实际情况绘制
30	双扇内外开双层门（包括平开或单面弹簧）	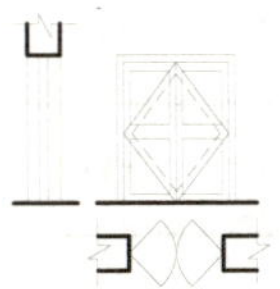	
31	转门	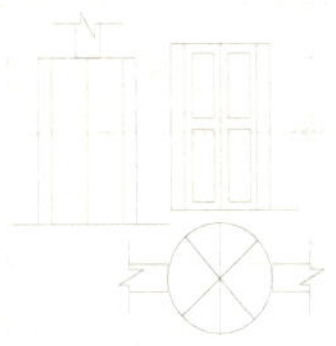	
32	自动门		
33	竖向卷帘门		门的名称代号用 M 图例中剖面图左为外、右为内，平面图下为外、上为内 立面形式应按实际情况绘制
34	横向卷帘门	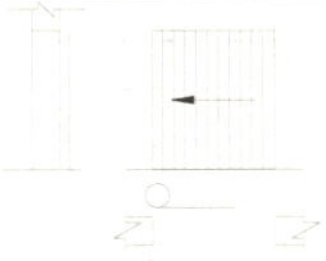	

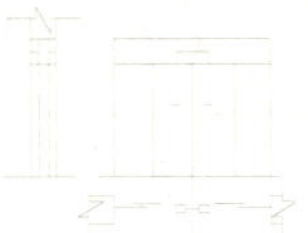

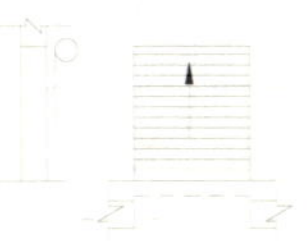

35	单层固定窗	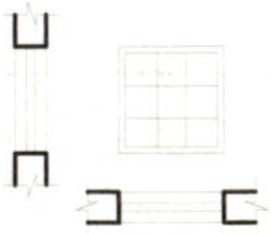	窗的名称代号用 C 表示 图例中剖面图左为外、右为内，平面图下为外、上为内 窗的立面形式应按实际情况绘制 小比例绘图时平、剖面的窗线可用单粗实线表示
36	推拉窗	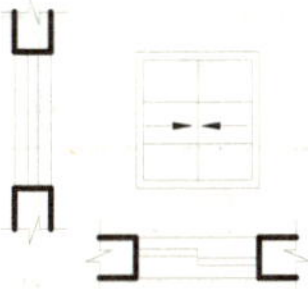	窗的名称代号用 C 表示 图例中剖面图左为外，右为内；平面图下为外、上为内 窗的立面形式应按实际情况绘制 小比例绘图时平、剖面的窗线可用单粗实线表示
37	单层外开平开窗	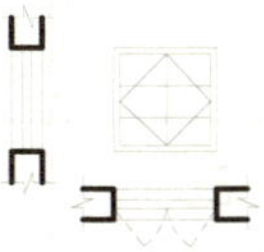	窗的名称代号用 C 表示 立面图中的斜线表示窗的开启方向，实线为外开，虚线为内开；开启方向线交角的一侧为安装合页的一侧，一般设计图中可不表示 图例中，剖面图所示左为外，右为内；平面图所示下为外、上为内 平面图和剖面图上的虚线仅说明开关方式，在设计图中不需表示 窗的立面形式应按实际情况绘制 小比例绘图时平、剖面的窗线可用单粗实线表示
38	单层内开平开窗	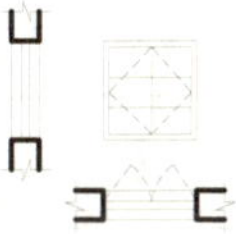	
39	高窗	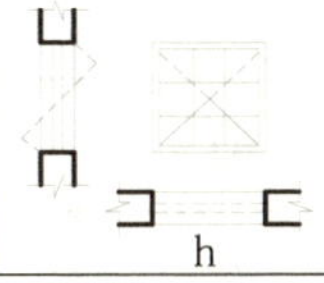	窗的名称代号用 C 表示 h 为窗底距本层楼地面的高度

附表 4 CAD 常用快捷命令

序号	图标	命令	快捷键	命令说明	序号	图标	命令	快捷键	命令说明
1		LINE	L	画 直 线	16		ARRAY	AR	图形阵列
2		MLINE	ML	多 线	17		MOVE	M	移动实体
3		PLINE	PL	多 段 线	18		ROTATE	RO	旋转实体
4		POLYGON	POL	多 边 形	19		SCALE	SC	比例缩放
5		RECTANG	REC	绘制矩形	20		STRECTHEN	S	拉伸实体
6		ARC	A	画 弧	21		TRIM	TR	修 剪
7		CIRCLE	C	画 圆	22		EXTEND	EX	延伸实体
8		ELLIPSE	EL	椭 圆	23		CHAMFER	CHA	倒 直 角
9		POINT	PO	画 点	24		FILLET	F	倒 圆 角
10		HATCH	H	填充实体	25		EXPLODE	X	分解炸开
11		MTEXT	MT,T	多行文本	26		DIMLINEAR	DLI	两点标注
12		ERASE	E	删除实体	27		LAYER	LA	图层管理
13		COPY	CO,CP	复制实体	28		SAVE	CTRL+S	保存文件
14		MIRROR	MI	镜像实体	29		DIST	DI	计算距离
15		OFFSET	O	偏移实体	30		DIVIDE	DIV	定数等分